Ⓢ新潮新書

有馬哲夫
ARIMA Tetsuo

NHK受信料の研究

984

新潮社

NHK受信料の研究——目次

序章　BBCに起こることはNHKにも起こる

なぜ、イギリスはBBC許可料を廃止しようとしているのか。NHK受信料も廃止すべきではないのか。受信料を払い続けるとどうなるのか。

BBC許可料は廃止に

2022年1月17日、BBCニュースの日本語版が「英文化相、BBCの受信料制度廃止を示唆」と報じた。その翌日、同ニュースサイトは「英政府、BBC受信料の2年間凍結を下院で発表」と続報を打った。[1]

いよいよBBCも追い詰められた感がある。2017年からイギリスのテレビ許可料(TV License、日本のNHK受信料にあたる)の動きに注目し、複数の記事でそれを書いてきた私にとっては、来るものが来たという感じだ。[2]

これは日本のNHK（日本放送協会）の受信料制度に影響を与えるのだろうか。間違いなくそうなるだろう。NHKは、BBCと共通する部分が多い。だから放送の事情に詳しい人々は「イギリスで起こっていることはやがて日本でも起こる」と考え始めている。そのこと自体が大きな影響だ。

私はこれまでもさまざまな雑誌記事やネット記事でNHKの受信料の廃止を訴えてきた。受信料廃止が世界の趨勢だとも指摘してきた。今度のニュースに触れて、総務省とNHKは、いよいよ受信料の廃止を真面目に議論しなければならない時期が来たと考えるべきだろう。

テレビ許可料制度

イギリスのテレビ許可料とは、許可を取得した者が特定の場所（家庭、事業所など）に、放送（テレビ放送、ラジオ放送）を受信できる機器を設置し、それを使用（視聴、録画、録音）するのに必要な料金のことである。政府に代わってBBCが徴収するようになったのは1991年だが、それが法制化されたのは2003年の通信法によってである。以下では、受信料ではなく許可料という言葉を使う。NHKの受信料と混同を避けたいからだ。

さらに説明を加えると、許可取得者は、その機器を使ってラジオ放送やテレビ放送を聴取または視聴し、録音・録画することができる。機器はテレビ受像機やラジオ受信機に限らず、パソコン、ケータイ、タブレットも含まれる。

また、放送に関しても、ＢＢＣと民放を含むので、ＢＢＣの放送を視聴・聴取していなくても許可料を払わなくてはならない。この制度では、テレビその他の機器を設置し、使用するから許可料を払うのであって、ＢＢＣと受信契約しているから払うのではない（日本の放送法はＮＨＫとの契約義務を定めているが受信料支払い義務を課していない）。極端にいえば、ＢＢＣが解体されて無くなっても許可料は払わなければならず、その際は、ＢＢＣに代わってなんらかの機関が徴収し、それが公共放送や民放などに回されることになる。

ちなみに、２００７年からは、許可取得者は、他の民放の無料動画配信サービスに加え、ＢＢＣの iPlayer というアプリによる同様のサービスも受けられるようになった。

もう一つ日本との大きな違いは、このような許可料やＢＢＣの運営などは、日本のように放送法ではなく、時の政府が起草し、国王がＢＢＣに供与する特許状（Royal

Charter）によって決められるということだ。１９２７年から続く制度である。

特許状更新は10年ごとに行われ、その都度ＢＢＣの業務範囲や経営などを政府と議論し、時代に合うように修正していくことになっている。２００７年にiPlayerによるインターネット配信が加わったのも、時代に合わせた修正だといえる。

イギリスでは、特許状により、ＢＢＣの放送に動画配信サービスも含むことができる。日本では、放送法にＮＨＫ受信料が規定されているので、ＢＢＣのように電波を受信するのではない動画配信サービスに対し受信料を徴収することは想定されていない。イギリス政府は、かなり以前から許可料の見直しを進めてきた。それを時系列でたしかめてみよう。

BBCではNetflixに対抗できない

２０１９年12月16日、リシ・スーナク英国財務省首席政務次官（のちに首相）は、許可料不払いを刑事訴追の対象から外すことを政府が検討していると発表した。イギリスでは許可料不払いは犯罪とされ、法によって処罰されている。罰則は１０００ポンド（約16万円）以下の罰金、罰金未納の場合は刑務所への収監もありえるという厳しいものだ。

実際、犯罪とはおよそ縁のない善良な貧しい人、とくに女性が不払いのために刑事罰を受けることが、社会問題になってきた。イギリス政府は、「今回の検討によってＢＢＣに許可料を払わないことを勧めるものではない」としながらも、従来の厳しい法の執行を見直すという姿勢を打ち出した。

２０２０年2月17日には、ボリス・ジョンソン首相（当時）が、現行の許可料を廃止し、新たに従量制に移行させるという計画を発表した。現行制度では、放送を利用しようとしまいと、また、どれくらい長く利用しようと、一律年間１５９ポンド（週割り、月割り可、日本円で約2万６０００円）支払うと決められている。[3]

ジョンソン首相はこれを廃止して、放送を利用した人が、利用した分だけ払う、従量制に変えたいとしたのだ。実現すれば、広告で収入を得る民放とは違って、広告を流していないという理由だけで許可料のほとんどを得ているＢＢＣの経営に大打撃を与える。

その一方、高額を理由に許可料を払っていない人々にとって、これは負担軽減になる。

流れをたどると明らかなように、ジョンソン政権は、ＢＢＣに国民から許可料を強制的に徴収することをやめさせようとした。なぜだろうか。それは第一にＢＢＣの放送がほとんど利用されてないのに、許可料のほとんどがＢＢＣに流れてしまうからだ。第二には、ＢＢＣだけを肥え太らせる現在の許可料制度を続ければ、イギリスの放送・コンテンツ産業がNetflixやAmazon Prime Videoなどの有料動画配信大手に太刀打ちできなくなる。

ナディーン・ドリーズ文化相も、冒頭で触れた記事の中で「ＢＢＣは米Netflixや米Amazon Prime Videoなどの有料動画配信大手と競合できるようになる必要がある」と発言しているし、「Twitterでも「素晴らしいイギリスのコンテンツに予算をつけて支援して、販売するための、新しい方法を話し合い議論するべき時だ」とつぶやいている。

ジョンソン首相は、単にＢＢＣ嫌いなのではなく、国民からの支持も国益もしっかり考えていたということだ。言うまでもなく、これら二つの問題はＮＨＫにも当てはまる。というよりＮＨＫのほうが事態ははるかに深刻だ。だから、今回の許可料廃止に関するコメントが日本でも関心を呼んでいるのだ。

イギリス人は見ていないＢＢＣに許可料を払いたくない

まず、いかにＢＢＣが見られていないかというデータを出そう。イギリスの情報通信庁（Ofcom）の２０１８年のデータによると18歳から34歳までの１日あたりのメディア視聴時間は以下のようになっている。[4]

１位　YouTube　１時間４分
２位　Netflix　40分
３位　ＩＴＶ（商業放送）　17分
４位　ＢＢＣＯｎｅ　15分
５位　Amazon Prime Video　９分
６位　チャンネル４（公共放送）　８分
７位　ＩＴＶ２（商業放送）　７分
８位　Ｅ４（チャンネル４の若者向け編成）　５分
９位　チャンネル５（商業放送）　５分
10位　ＢＢＣＴｗｏ　４分

これはコロナ禍以前のデータなので、現在ではもっと動画配信の視聴時間が伸びて、テレビ放送、とりわけＢＢＣのそれは落ちているはずだ。

事実、２０２０年のメディア視聴時間（テレビ放送、有料動画配信、ＤＶＤ、ゲーム等モニター画面で見るものすべてを含む）のなかで、動画配信の視聴時間は増加し、テレビ放送の視聴時間は減っている。この現実をしっかり分析するため、イギリス情報通信庁は、『メディア・ネイションズ』などの報告書では、放送（Free to Air）と動画配信（Subscription Video on Demand、以下、有料動画配信とする）というカテゴリーに分類している。

多くのイギリス人が有料無料を問わず、動画配信を利用するようになり、放送を利用しなくなっている実態があるからだ。そして、有料動画配信大手も一社だけではなく、複数社と契約しているため、放送に許可料を払いたくない気持ちが強くなってきている。すでにＢＢＣを始めとする放送チャンネルの動画配信（イギリス情報通信庁の定義にしたがってＢＢＣの iPlayer は、許可料はとっているが有料動画配信とはみなさない）も視聴することができるようになっているが、あまり魅力がないため、そしてすでに有料動画配信に相当額払っているため、放送コンテンツの動画配信サービスに対して許可料をとるべきではないと考えている。

このような背景のもと、現行の許可料制度に対するイギリス国民の不満は高まっている。許可料について世論調査を行っているパブリック・ファースト（Public First）の2019年の調査の結果では、許可料の廃止を「望む」が74%、「望まない」が14%だった。[5] 明らかに、イギリス国民は廃止を望んでいる。ジョンソン元首相のＢＢＣに対する厳しい姿勢は国民に支持されている。

さらに、ドリーズ文化相は、コンテンツ制作の問題点にも触れている。現行許可料制度の問題は、放送（そしてその動画配信サービス）を利用しないのに払わなくてはならないということに加えて、一部が行政組織の維持費に充てられるとはいえ、そのほとんどが、あまり利用されていないＢＢＣに行くということだ。なのに、許可料収入をほぼ総取りするＢＢＣの作るコンテンツは有料動画配信大手に太刀打ちできない。

これを放置すると、イギリス人はますますイギリス製コンテンツを利用しなくなり、イギリスは巨大有料動画配信帝国の文化的属国になってしまう。それならば、いったん許可料を廃止し、金食い虫のＢＢＣを潰したうえで、イギリスの放送機関とコンテンツ制作機関を一丸とした組織を作り、そこに許可料的なものが渡るようにした方が、将来の為になるということだ。それでも有料動画配信大手に対抗することは難しいが、他に打つ手はない。イギリスの許可料とはＢＢＣ受信料ではないことを改めて思い起こしてほしい。

ＢＢＣよりも見られていないＮＨＫ

翻って日本を見てみよう。第一の問題だが、ＮＨＫの放送がほとんど視聴されていない事実は、これまで私は雑誌やネットの記事でもたびたび指摘してきたが、ようやく広く認知されるようになった。ＮＨＫ放送文化研究所の「テレビ・ラジオ視聴の現況２０１９年11月全国個人視聴率調査から」によれば、ＮＨＫ総合テレビを１週間に５分以上見ている日本人は54・７％だった。１日ではなく、１週間である。逆に言えば、残りのおよそ半数の日本人はＮＨＫを週５分も見ていない。ＢＳに関して言えば、二つのチャンネルの１日の平均視聴時間の合計が６分しかなかった。[6]

たしかに、テレビ視聴は、見る人々は長時間見て、見ない人々は全然見ないというように両極化している。それでも否定できないことは、全然見ない人々は圧倒的に若者に多く、彼らは今後もテレビ視聴の習慣を身に付けることはないということだ。つまり、将来にわたってテレビ視聴時間は減少し続けるのだ。

なのに、日本では、見ていようがいまいが、受信できる機器を持っているだけでＮＨＫと受信契約を結ぶことを義務付けられている。イギリスの許可料と異なり、日本の受信料はＮＨＫと契約することで支払い義務が生じる。これほど見られていないＮＨＫとの契約を強制する放送法はとんでもない悪法といわざるを得ない。

ドリーズ文化相が指摘した第二の点だが、日本の置かれている状況は、イギリスよりはるかに厳しいといえる。コロナ禍の巣ごもり需要でNetflixやAmazon Prime Videoなど有料動画配信大手が業績を伸ばしているのは私たちが日々実感していることだ。また、基本的に有料ではないYouTubeのシェアも、イギリスほど高くないにしても、とくに若者の間では伸び続けている。加えて、U-NEXT、Disney+のような後発の有料動画配信大手も徐々に浸透してきている。

日本では、前に見たイギリス情報通信庁の『メディア・ネイションズ』のデータのように放送と動画配信を並べて比較したものは発表されていないが、それが出されれば、放送が有料動画配信大手を含む動画配信にシェアを奪われていること、とりわけＮＨＫの惨状が明らかになるだろう。

総務省の情報通信白書は、放送の視聴時間とインターネットの利用時間しか明らかにしていないが、最近の調査でも前者が減り、後者が増加する傾向ははっきり見られる。しかも、60代のインターネット利用時間は、この5年間でかつての2倍になっていて、それまで長時間放送を視聴してきた年齢層の間でも放送からインターネットへのシフトが起こっていることがわかる。

ＮＨＫは受信料を独り占めにする資格があるようなコンテンツを生産し続けているだろうか。ドラマの一部は評価や人気を得ているようだが、あくまでも国内向けのものである。全般的に見て世界で勝負できるようなコンテンツは極めて少ない。欧米はもちろん、韓国のコンテンツが世界市場で勝負できている時代にあまりに内向きだ。

あまり知られていないが、ドキュメンタリーでは制作側の不勉強や怠慢に基づく捏造と盗用が散見される（詳しくは拙著『ＮＨＫ解体新書』〈ＷＡＣ〉をご参照いただきたい）。[7]

報道番組も日本の民放のニュースと比べればいいという人もいるだろうが、ニュースは世界競争をしていて、ＢＢＣもロイターも日本語版を（しかも字幕付き動画で）出しているので、日本国内で「民放よりいい」などといっている場合ではない。それに、「民放よりいい」などというのも事実ではない。ＮＨＫしか見ない人がそう思っているだけだ。

事実、海外ニュースをよく見る人は気が付いていると思うが、ＮＨＫのニュースは、独自情報に基づくものはほとんどなく、他の海外メディアがすでに報じたものを繰り返しているにすぎない。

そもそも、将来的なことを考えた場合、ニュースは、放送という限界（定時まで待たなければならない、時間の長さが限られている）のために、ネットニュースには速報性でも詳述性でもかなわなくなっていくだろう。どうしても必要だとなれば、民放や海外メディアがしているように、YouTube や Netflix などにアップすればいい。

人々はテレビを見る習慣がない

しかしながら、「ＮＨＫ総合テレビを週に5分も見ない」といわれても、にわかには信じがたいというＮＨＫファンもいるかもしれない。朝は連続テレビ小説を見て、夜には「クローズアップ現代」「ニュースウオッチ９」、週末には大河ドラマを見る、という生活様式の人が今なお相当数いるのは事実である。

このような全体からみれば少数派の人々のために、大多数の、とくに若い人々の、典型的なメディア利用のパターンを示してみよう。これは、仮にあなたが今そうなっていなくても、これからたどることになるパターンだと思ってもらいたい。

まず、現代人の大部分がスマホ中毒になっていることを念頭におかなければならない。朝起きると、LINE、Twitter、Facebook、Instagram、TikTok のどれかをチェックする。メッセージが来ていれば返信し、時間があれば投稿する。ニュースも天気予報もこれらのSNSに貼り付いてきたものを読む。したがって、かつてのようにテレビで天気予報やニュースをチェックすることはほとんどしない。とにかくスマホを手放さない。

昼休みも、社員食堂や飲食店などにテレビが置いてあれば、映っている番組を見るだろうが、そうでなければ、基本的に朝と同じ行為を繰り返すだろう。つまりSNSのチェック、メッセージの返信、天気予報やニュースの確認だ。

帰宅後は、たいていの人は時間があるので、SNSのチェック、投稿、メッセージの返信の外に、好みのニュースサイトで記事を読み、テレビを見るかもしれない。

しかし、現代人は、せっかちなうえメディアの選択肢を沢山持っている。なによりスマホを手放さないので、テレビの画面を見る時間が少ない。だから見たいものを待たずにすぐ見たい。また、コマーシャルが多いのもうんざりなので、コマーシャルがないもの、少ないものを選ぶ。NHKの番組はコマーシャルはないのだが、民放にくらべて面白くなく、堅い。民放はNHKよりはましだが、コマーシャルがうるさい。

そこで、テレビ、その他のAV機器で、有料動画配信大手のコンテンツを見る。Netflix、Amazon Prime Video、U-NEXT、Disney+など有料動画配信大手のコンテンツは、古典的名画、新作映画、配信会社が巨費を投じて制作したオリジナル作品やこれまで見る機会がなかった国で作られたユニークな作品まで品ぞろえが豊富だ。欧米のものだけでなく、日本のものもレパートリーは広い。

日本の最近の、あるいはその週のテレビ番組を見たければ、TVer（民放公式テレビ配信サービス）やFOD（フジテレビの動画配信サービス）やHulu（日本テレビやディズニーなどによる配信サービス）などの動画配信で見ることができる。NHKであればNHKプラスという同様のサービスがある。

さらに子供や若者の間ではYouTubeの人気が高い。ここでは、ジャンルを問わず、投稿されたコンテンツは、何でも見ることができる。最近は子供のウケを狙った面白くて単純なものだけでなく、高年齢層が喜びそうな、歴史、宗教、教養、思想に関するもの、とくにそれらについて主張を述べているものも多い。

また、動画配信は好きなとき、好きなところから、好きなだけ見ることができるし、早送りも巻き戻しもできる。一度この便利さに慣れると、これができない放送を不便に感じるようになる。

放送ではなくインターネットに時間を使っている

令和3年版情報通信白書によれば、2020年における20代の日本人の平日1日のテレビ視聴時間は88分。それに対してインターネット利用時間は255・4分だ。内訳は、PCが73・8分、モバイルが177・4分、タブレットが15・6分だ。つまり、モバイルでSNSを使ったり、YouTubeを視聴したりすることに多くの時間を費やしている。[8] スマホ中毒の実態が表れている。

こうしてみると、日本人が総スマホ中毒の現代では、およそ半数が「NHKの地上波総合テレビの視聴時間が週に5分」というのは、決して誇張ではなく、現実だということがわかる。放送に関していえば、NHKだけでなく、民放も視聴されていない。日本だけでなく、世界的な現象だが、放送よりも動画配信の視聴時間が伸びている。

NHKは、テレビに限らず、ケータイでも、パソコンでも、とにかく放送を受信できる機器を持っていれば、受信料を払えという。だが、私たちは、ケータイもパソコンもNHKの放送を受信するために買っているのではない。民放の番組を見るために買っているのでもない。放送よりも、さまざまな種類の動画配信を見るために買っているのだ。

イギリスなどでも起こっていることだが、最近では、電波を受信できないテレビモニターやプロジェクターを買い、それで動画配信を見ている若者が増えてきている。これは放送を受信できないので、基本的にNHK受信料の対象とはならない。

日本も文化的属国になる

このままでいくと、日本人は日本製コンテンツを、放送ではなく、有料動画配信大手で見るようになる。そして、放送が力を失っていくので、日本のコンテンツ制作会社は、有料動画配信大手の下請けになっていく。

その結果、優れた日本製コンテンツは、欧米の有料動画配信大手と契約しなければ見ることができなくなる。それだけにとどまらず、有料動画配信大手は、市場原理に基づいて、とくに日本で利益を上げるというより、中国を含めたアジア全体で利益を上げるもの、つまり、日本風ではあるがアジア的なものを作るように強いるかもしれない。言い換えれば、日本のコンテンツ産業は、有料動画配信大手という文化帝国の属国にされてしまうかもしれない。

これを防止するためにできることは何か。この点については、本書の最後に私案を述べることとするが、簡単に言えば、旧来の放送局ではなくコンテンツそのものに重きをおいていく方向に進めるべきだ、ということになる。

前述のように、NHKと似たBBCがあるイギリスは、この方向に向かっている。つまり、有料動画配信大手に対抗し、イギリス人がイギリス製のコンテンツを見続けるために、人々の心をつかむコンテンツが作れないBBCに許可料を独占させるのではなく、ほかのコンテンツ制作機関に回すようにしようとしている。それによってイギリスが有料動画配信大手の文化的属国にならないようにしようとしている。

BBCだけではない。公共放送の受信料の廃止は世界的趨勢になっている。有料動画配信大手の影響力の拡大は、先進国に共通してみられることだからだ。これらの国々では、放送を動画配信が脅かしている。多くの人々が、放送よりも有料動画配信を含めた動画配信を多く見るようになっている。だから、見なくなった公共放送に受信料を払うのを嫌がっている。この流れは年を追うごとにはっきりとしてきている。

受信料規定に胡坐をかいている

このような世界の流れにもかかわらず、ＮＨＫは放送法に受信料の規定があるのをいいことに国民に対して強権的態度を強めてきている。つまり、ＮＨＫを見ようと見まいと関係ない。あなたが払いたいか、払いたくないかもどうでもいい。払うことになっているのだから払えという姿勢だ。

だが、ＮＨＫは自分でも考えてみたことはないのだろうか。なぜ、見ていないのに、受信機があるだけでＮＨＫと契約を結ばなければならないのか。テレビには、ＮＨＫの放送だけでなく、民放も映るのに、なぜＮＨＫにだけ受信料を払うとされているのか。契約の自由が憲法によって保障されているのに、強制的に契約させるのはおかしいではないか。だから、この規定は、訓示規定、すなわち規定を順守しなくても、処罰の対象にならず、また、違反行為そのものの効力も否定されないものと考える法学者がいる。[9]つまり、受信契約を結ばないことが違反だとはいえても、それを罰することはできないということだ。

しかも実は法律をきちんと読めば、受信料を払わなければならないとはなっていない。それが定められているのは放送法の中ではなく、「日本放送協会放送受信規約」、つまり私的契約規定の中だ。なのに、ＮＨＫはこの受信規約を根拠として、ＮＨＫを視聴しようとしまいと、受信契約を望もうと望むまいと、国民から受信料を強制徴収できるかのように振る舞っている。これは大問題だ。

あとで詳述することになるが、もともと法律が作られた占領期にさかのぼって、受信料の規定には矛盾があり、齟齬があり、理にかなっていなかったのだ。法律そのものが最初から、それを押し付けたＧＨＱと日本側の通信官僚たちの思惑の違いから、おかしなつくりだった。しかも、占領が終わった後も改正せず、おかしいままに放置してきた。むしろ、後で見るように、時の総理大臣、吉田茂とその愛弟子佐藤栄作は、放送法に、木に竹を接ぐような、とんでもない大改悪を行った。その後も受信料の矛盾は大きくなり続けたが、有料動画配信大手がシェアを伸ばして放送にとって代わろうとしている現代では、その矛盾が以前にもまして大きくなっている。

このように矛盾が大きくなる一方なのに、憲法違反の受信料規定に盲従し、このままＮＨＫに払い続けるのは、いいことなのだろうか。

受信料の問題は、ＮＨＫにとってばかりでなく、日本の放送産業、コンテンツ制作産業、政治、言論にとっても大きな問題だ。そして、現在においても問題だが、過去においてもそうだったし、このまま放置すれば、未来もそうであり続けるだろう。現在にいたるまで、受信とは放送を受信することだった。だが、これからは受信とは放送ではなく動画配信を受け取ることを意味するようになる。いやすでにそうなっている。

このような根本的な変化に直面して私たちは、もはや「払うことになっているから、払うのだ」という答えには満足しなくなっている。それなのに、ＮＨＫはまったく応えず、自分の論理、あるいは嘘を繰り返している。以下ではそれを見ていこう。

（文中敬称略）

第1章　NHKがついてきたウソ

　NHKはウソをついている。自ら公共放送だと名乗るが、その公共性とはなにか定義しない。放送法が受信料の支払いを義務付けているかのようにミスリードするが、放送法は受信契約しか義務付けていない。受信料支払いを定めているのは「日本放送協会放送受信規約」という私的契約である。

「公共放送」のウソ

なぜ受信料を払わなければならないかについてNHKはどう説明しているのか詳しくみよう。

NHKホームページの「よくある質問集」の「受信料の公平負担に向けた取り組みについて知りたい」でNHKはこう説明している。

公共放送ＮＨＫは、〝いつでも、どこでも、誰にでも、確かな情報や豊かな文化を分け隔てなく伝える〟ことを基本的な役割として担っています。そして、その運営財源が受信料です。税金でも広告収入でもなく、みなさまに公平に負担していただく受信料だからこそ、特定の利益や意向に左右されることなく、公共放送の役割を果たしていけると考えています。[10]（以下引用は見分けやすくするため太字で示す）

ＮＨＫがしばしば口にするのは、自分たちは「公共放送」だ、ということだ。だから受信料を受け取る権利があるというのだ。ところが、ＮＨＫがこの「公共放送」とはなにかを、はっきり定義しているのを見たことがない。

よく勘違いされることだが、国民の知る権利に応えること、不偏不党、表現の自由を確保すること、民主主義の健全な発達に資することは、ＮＨＫだけに課された責務ではない。それは、放送法第１条が、民放を含めた放送全体が果たさなければならないとしている。

放送法

第1条　この法律は、次に掲げる原則に従って、放送を公共の福祉に適合するように規律し、その健全な発達を図ることを目的とする。

1．放送が国民に最大限に普及されて、その効用をもたらすことを保障すること。

2．放送の不偏不党、真実及び自律を保障することによって、放送による表現の自由を確保すること。

3．放送に携わる者の職責を明らかにすることによって、放送が健全な民主主義の発達に資するようにすること。[11]

したがって、これらのことはＮＨＫだけが持っている公共的性格ではない。公共の電波を使う以上、放送機関はＮＨＫも民放もこの義務を負っている（実はＮＨＫも民放だが、詳しい説明は第2章に回すこととし、以下で述べる「民放」はＮＨＫ以外のいわゆる一般的な民間放送局のことを指す）。

仮に自分たちだけが公共放送だと主張するのであれば、民放にはない、ＮＨＫだけにある公共性というものがなければならないのだが、そういったものはない。

現在のNHKのホームページには、自らの公共性を説明する文章として、以下のようなものがある（「NHKがめざすもの」）。

「公共メディアNHKは、『新しいNHKらしさの追求』を進めます」

という宣言のもと、掲げられているのは四つの方針である。
1.「安全・安心を支える」2.「新時代へのチャレンジ」3.「あまねく伝える」4.「社会への貢献」。[12]
1は、災害時などの情報提供を想定したものである。2はデジタル化への対応を主に念頭に置いたもの。3は世代や地域を超えて社会をつなぐ役割を果たし、また訪日・在留外国人に対しても情報を伝える旨が述べられている。4は「地域情報の全国・海外への発信を大幅に増やすとともに、地域の課題を取り上げ、全国ネットワークを最大限に活用して情報を共有することで解決につなげるなど、各地域の発展にさまざまな形で貢献します」とのことである。

これらはいずれも民放の唱えている理念と大差ない。災害時に必要な情報を伝え、デジタル化対応を進め、幅広く情報を発信し、地域の発展に貢献したいと各局が考えていることだろう。

「みなさまに公平に負担していただく受信料だからこそ、特定の利益や意向に左右されることなく、緊急・災害報道や子ども向け番組、福祉番組、国際放送などを行うことができます」とこのホームページでは続けているのだが、先ほども述べたように、民放も特定の利益や意向に左右されることは認められていない。だからこそ、総務省の検討会で意見を述べるような専門家ですらわからないといっている。

実際、「公共放送の在り方に関する検討分科会」構成員の新美育文は、2020年11月9日総務省内会議室で行われた会合でこう述べている。

この事務局のまとめた方向性について私も賛成しますが、その前に少し根本的なことを考える必要があろうかと思います。それは何かというと、これまでは公共放送だから契約締結義務がありますということで、公共放送がまず前提にあって、いろいろな義務が議論されてきましたけれども、逆に、契約を締結することを強制するという効果をもたらす公共放送とは何ぞやということをきちんと議論しないといけないのではないか。国民の支持を得るためにはそれが避けられないのではないかと思います。論理を詰めていく、あるいは構造的にシステムとしてつくり上げていくことは大事で

すが、そうした点で整合性がとれたとしても、それを国民がしぶしぶであったとしても納得できる、あるいは正当性を持つことが一番大事なことだと思います。新聞協会もおっしゃっていましたけれども、適切な業務範囲という議論の中に、そうした契約締結義務を妥当なものとする根拠が認められるかどうかがその究極にあると思います。公共放送の公共とは何ぞやということをきちんと議論しないと、全ての、これまでの緻密に構築してきた議論が基礎を失ってしまうのではないかと思います。[13]

実は、この分科会では受信料不払い者に対する割増金の徴収も話し合われていた。右のような問題意識を持っているのなら、新美も割増金を取ることなんかに反対してくれればいいのにと思うのだが、そうはならなかった。

新美のために弁護しておくと、1人の構成員が発言したところで、ヒアリング対象者として出席しているNHKの説明員が全体の流れを作り、それを総務省の高官が阿吽（あうん）の呼吸で結論としてしまうので、彼にはどうにもならない。これは会議録を読めばわかる。

こうやって、密室で、民意や学識者の意見とは関係なく、受信料の値上げや割増罰則金制度が決められる。

このほかの受信料関係の検討会の過去の議事録も読んでみたが、歴代の構成員は常に「NHKのいう公共放送とはなにか」という質問をしている。ということは、NHKがいう「公共放送」とはなにか、実は定まっていないということだ。なのに、彼らは受信料の値上げとか、値下げとか、割増罰則金を決めてきた。おかしくないだろうか。

あとで詳しくみるように、最高裁判決は「公共放送」だから受信料の強制徴収は合憲だとしたが、「公共放送」がなにかという問いにはっきりと答えていない。ただし、国民が「公共放送」に理解を示すことによって、受信料徴収が合憲になるとは述べている。

近江幸治（早稲田大学法学部名誉教授）も「NHK受信契約の締結強制と『公共放送』概念」で、NHKが民放とは違う「公共放送」を行っているという考えを否定している。少し長いが、法曹界にも別な考え方があるということを示すために引用しよう。

では、「公共放送」とは何かというと、明確な概念規定はない。ちなみに、「放送の公共性」につき、舟田教授は、第一義的には放送番組の内容にかかわり、その中核的意義は、基本的情報と質の高い番組を広く視聴者に提供することであるとし、放送法一条二号、三号、七条等の規定にも表現されていることは、「放送の公共性」を実定

法においても前提としており、また、災害放送、地域特有の情報提供、子供番組の充実、等々も含めて考えられているとする。だが、これらの基本的性格は民間放送にも要求される原則であるから（同法第一章「総則」の各規定参照）、「公共放送」の内容とはならない。要するに、「公共放送」を定義することは至難であり、「公共放送であるために是非とも必要な要件は何かという問いに対しては、おそらく、それが何でないかという消極的な答えしかなしえない。つまり、民間放送事業には十分果たしえない役割が公共放送には期待されているという答えである。」（傍線部近江）という。結局において、「民放ではなし得ない役割」を担うということになろうが、しかし、「民放ではなし得ない」ことなどあり得るのであろうか。[14]

そして、近江は「公共放送」であることをもって受信料を徴収できるとする考えを「『公共放送』の内容が必ずしも明確ではないのだから、それを論拠とするには、あまりにも粗雑といわざるを得ない」と批判している。

ＢＢＣの公共性

何をもって公共放送とするかは、実は国によって違う。試しにＢＢＣは自ら果たすべき役割をどう説明しているかを見てみよう（筆者訳）。

1．市民　私たちはさまざまなプラットフォームで人々が話し合い、議論に参加する手段を提供する責任を果たします。

2．教育　私たちはさまざまな事柄と問題について人々が公式、非公式に学ぶ意欲を掻き立てたいと思います。

3．創造性　私たちは人々をより文化的活動に触れやすくし、個人がその創造性を追求することを促進します。

4．コミュニティ　私たちは、異なる国（イングランド、スコットランド、ウェールズ、北アイルランド）と地域と市町村を反映しつつ、またそこに出向いて、アウトリーチ活動を行っています。

5．グローバル　私たちは国際的対話や議論を促進し、それに参加するために国際的アウトリーチ活動を行っています。

6．デジタル　私たちはデジタルの利点をすべての人々が享受できるようにします。[15]

これを見ると、おなじ公共放送といいながら、ともに受信料（イギリスは許可料）にほぼ収入を頼りながらも、まったく違う「公共性」を追求していることがわかる。NHKが内向きなのに対し、BBCは国際・グローバル志向だ。イギリスがそのような国だからだ。

NHKは自らの公共性が自明であるかのようにいうが、まったく自明でないことがわかる。考えてみれば当然で、国によって、文化によって、社会によって「公共性」は違う。まして、NHKの「公共性」とは受信料をとるために「作りだされた」ものなのだ。

政府の意向に左右される

NHK自身は、なぜ「公共放送」といえるのかの説明として「特定の利益や意向に左右されることない」放送だからという理由をあげている。そのために「その運営財源」が税金でも広告収入でもないことが「公共放送」の要件だと思っているようだ。事実、政治的圧力からも商業的圧力からも独立性を保ち得る財源なので、税金ではなく、受信料によってNHKの運営がなされなければならないという主張をする。[16]

では、NHKは受信料を「運営財源」としているので、「特定の利益や意向に左右されること」はないのか。とんでもない。政府はNHKにさるぐつわをかませるどころか、手かせ足かせをはめている。

総務大臣は、受信料規定だけでなく、約款や経営や予算まで認可権を持っている。大臣がこのような強大な権限を持つがゆえに、NHKは時の政権の意向に左右されてきた。1967年に黒い霧事件で選挙の苦戦が予想されたとき、当時の総理大臣佐藤栄作はラジオ受信料を無料にすると公約した。そして、実際、無料にさせた。[17]

2021年3月「ニュースウオッチ9」のメインキャスターを務める有馬嘉男が同番組から降板した。これを「定期異動」であるとNHKは説明した。

この有馬が前年10月の番組中に当時の菅義偉総理を日本学術会議問題で問い詰めたとき、山田真貴子内閣広報官がNHKにクレームの電話を入れたということが一部メディアで報じられた。山田は、かつて総務省の幹部で、菅前総理の長男らによる総務省幹部接待スキャンダルで辞職に追い込まれた。

２０１６年には、集団的自衛権をめぐる２０１４年の「クローズアップ時代」の放送で、菅官房長官（当時）に問題点を鋭く問い質した国谷裕子キャスターの「前から予定されていた降板」もあった。

その前には、やはり「ニュースウオッチ９」の大越健介キャスターもいる。彼も特定秘密保護法や原発再稼働について番組内で意見を述べ、とくに安全保障や外交面で安倍政権に対して批判的だった。このような気骨あるジャーナリストのクビを総務大臣の茶坊主になっている「ＮＨＫ官僚」が政府との取引のために差し出してきたというのがマスコミでの定説になっている。

これらの降板について、実際に「降ろされた」当事者が政治の圧力を否定しているケースもある。ただし、「偶然」が続くので、政権与党側、政府側がＮＨＫに対して何らかの働きかけをしていると考えざるをえない。

もちろん民放に対してもそうしたことをすることはあるだろう。そして民放も放送免許を人質にとられている以上、総務省の顔色を窺わなければならない。しかし、ＮＨＫの場合は、民放以上に忖度をせねばならない強い動機が存在している。言うまでもなく最大の動機は受信料である。

おかしくないだろうか。ＮＨＫは特殊法人なのだから、政府がその業務（報道）に関わることに介入するのは不当ではないか。だが、現実にはＮＨＫは常に時の政権の人気取りの道具に使われている（これについては第5章でさらに詳しく述べる）。これでも、「特定の利益や意向に左右されることなく」といえるのだろうか。

よく「ＮＨＫは受信料で運営されているので、報道が中立的で信頼できる」という人がいる。事実はまったく逆で「ＮＨＫは受信料で運営されているからこそ政権の意向や経営委員が前にいた企業の利害に左右される」というのが歴史的事実なのだ。

民放は不公正か

では、「民放さん」（ＮＨＫは民放を上から目線でこう呼ぶ）は、ＮＨＫがよくいうように広告に運営財源を頼っているので「特定の利益や意向に左右される」のだろうか。

私の答えは、そういう面はないわけではないが、それほどでもないというものだ。

なるほど、広告費が主たる収入源である以上は、広告主である大企業に気を使うことはある。だが、広告主は数も多く、業種も多岐にわたる。特定の企業、特定の業種がとくに特定の民放に力を持つということは難しい。広告を出稿する企業にいちいち気を使ったり、注文を聞いたりしたのではやっていけない。

あるとき、特定の企業が特定の番組にものをいうことはあるだろうが、それはいつもではないし、全体から見れば例外的だ。それに、あまりにも露骨なことをすれば、視聴者が離れる。だから、民放は、少なくともNHKがいうほど、「特定の利益や意向に左右される」ことはない。

過去、数多くの大企業の不正や犯罪行為が報じられたことがあった。それらの報道においてNHKよりも民放が手ぬるかったというようなことがあったかといえば、そんなことはない。

特定の企業の宣伝になるような番組を放送しているかといえば、そうとも言えない。たしかに民放は企業名、店名、商品名を番組内で伝えることに抵抗がなく、その意味では宣伝につながるようなものがNHKよりも多いと言えるのかもしれない。その点、NHKのニュースでは、企業名、店名、商品名を伝えることに慎重である。

しかしこうしたルールもかなり適当で、たとえば「iPhone の新商品発売」といった話題であれば、平気で商品名を伝えているし、実際に伝えるほうがニュースとしては意味がある。むしろ、企業名や商品名を伝えないことのほうが視聴者にとっては不親切な場合も少なくない。また、NHKは営利企業であるNHK出版が刊行しているテキストなどは平気で宣伝を流している。自分たちが関わる有料イベントについても同様である。

こう見ていくと、やはりどこが民放と異なるのかわからないのではないか。

交付金の力

世界に目を向けて、税金を運営財源にしている公共放送または国営放送はどうなのかを見てみよう。私が1年ほど住んでいたオーストラリアの例を挙げてみる。この国の公共放送局ABCはかつて受信料を徴収していたが、今はそれをやめて、政府の交付金で運営されている。ではABCは政府の利益や意向に左右されるのか。1年住んだ私の評価では、そんなことはない。

これは当然で、オーストラリアは、テレビや新聞などのメディアが十分発達しているので、ABCが仮に政府に気を使って政権擁護のスタンスをとっても、他のメディアが批判的な報道をするので意味がない。また、偏向したり、不自然なことをしたりすれば、国民だけでなく、他メディアにも批判されるので、いい加減な報道はできない。

もちろん、「公共放送」が政府の利益や意向に左右される国もある。だが、それは税金に頼っているからというより、競合するメディア（民放とか新聞）が発達していないからだ。その代表例は中国やロシアや北朝鮮である。

一方で、オーストラリアのように税金に頼れば必ず政府の支配を受けるとはいえない。日本はメディアが発達しているので、仮に税金で運営されることになっても、今以上に政府の支配を受けることは考えにくい。おかしな報道をすれば、ネットで集中的に批判を浴びることとなり、それを無視することは現代社会では難しい。

以上をまとめると、受信料を財源とすれば「特定の利益や意向に左右されない」ということはなく、逆に広告費や国費に頼れば「特定の利益や意向に左右される」というものでもないということだ。とすれば、受信料をとらなくとも、広告を取っても、国費を投入しても「公共放送」はやっていけるということだ。つまり、「公共放送だから受信料で支えなければならない」という論理は成り立たないのだ。

事実、オーストラリア、イタリア、フランス、韓国などでは公共放送が広告を流している。とくに、オーストラリアは受信料を廃止してしまって「公共放送」を政府交付金で運営している。だが、それでは問題があるので、受信料に戻そうという話は聞かない。

つまり、NHKのホームページ「よくある質問集」の「受信料の公平負担に向けた取り組みについて知りたい」で述べていることはすべてウソなのだ。

スイス公共放送の公共性

次に問題とすべきは「公共放送NHKは、〝いつでも、どこでも、誰にでも、確かな情報や豊かな文化を分け隔てなく伝える〞ことを基本的な役割として担っています」という彼らの主張だ。

再度問いたいのは、「いつでも、どこでも、誰にでも、確かな情報や豊かな文化を分け隔てなく伝える」ことをしているのはNHKだけかということだ。これは民放もしているのではないか。とくに衛星放送とインターネットの時代では、NHKだけが「全国あまねく広く」情報発信しているとはいえない。この点でNHKはとくに民放とはっきり区別できる公共性を持っていない。比較の為にスイス公共放送を例にとろう。

スイスは2018年に国民投票で受信料の是非を問うたが、71・6%で受信料維持派が勝利した。[18] NHKはこれを聞いて小躍りして喜んだにちがいない。

だが、受信料維持派が勝利した理由は、スイス公共放送は四つの言語地域にスイスとしての放送サービスを行っていて、他をもっては替えられないというものだった点を見過ごしてはならない。

スイスにはドイツ語圏、フランス語圏、イタリア語圏、ロマンシュ語圏があり、スイス人はそれぞれの使用言語にあわせて隣国のドイツ、オーストリア、フランス、イタリアの放送を視聴している。

スイス公共放送がなければ、スイス人はスイス国民に向けての情報を得られなくなるのだ。これはヨーロッパなど多言語、多民族国の公共放送に共通する「公共性」であり「存在意義」だ。BBCも四つの国、イングランド、スコットランド、ウェールズ、北アイルランド、および地域の違いに気配りをしていることは前にみた通りだ。とくに、あとの二つの国に関しては、それぞれウェールズ語圏、ゲール語使用圏だということも考慮しなければならない(もちろんスコットランド英語も少し違う)。

翻ってNHKを見たとき、このような「公共性」と「存在意義」が見出せるだろうか。日本に、違う言語グループがあって、それぞれが違った言語による放送を求めているだろうか。また、その放送がなければ、日本国民としての一体感が得られず、政治に参加するために必要な情報は得られないだろうか。かつて満州で日本放送協会がラジオ放送していたときは、そのような公共性を持つことはあり得た。実際は日本のプロパガンダ放送を流していたので、「公共性」というには問題があるにせよ。

しかし、現在の日本の状況では、数多くのさまざまなメディアが存在するので、NHKだけにそのような「公共性」や「存在意義」を見出すことはできない。民放およびインターネットで十分すぎるほどだ。

日本人は、スイス人がスイス公共放送を必要としているようには、あるいは総称としてのイギリス人（四つの国の）がBBCを必要としているようには、NHKを必要としていない。もっと本質的なことをいえば、NHKは「公共性」を「役割として担っている」るので受信料を払ってくれといっているが、スイス人やイギリス人と違って、私たちはNHKがいうような役割を担うことを期待していない。

ただし、1980年代までは、たしかにNHKだけが全国放送をしていたという点で、「いつでも、どこでも、誰にでも、確かな情報や豊かな文化を分け隔てなく伝える」放送をしていた。NHKは放送法で難視聴地域や離島などにも放送を届ける義務を負わされていた。

これに対して、民放はこのような義務は課されていなかった。もともと民放は主として番組を制作するキー局（日本テレビ、TBS、テレビ朝日、フジテレビ、テレビ東京）と、これとネットワーク契約を結び、番組の供給を受ける地方局の連合体だ。日本全国に直営局を持っているＮＨＫと違って、民放のキー局は日本全国に加盟局を持っているわけではない。また、かなりの設備投資をして、電波の中継設備まで作って人口過疎地に広告を届けることに株主の納得は得られないだろう。したがって、かつては「いつでも、どこでも、誰にでも、確かな情報や豊かな文化を分け隔てなく伝える」役割をＮＨＫだけが担っていたというのは本当だ。

では、今もそうなのか。現在では、技術革新によって、アナログ放送がデジタル放送になり、さらには、放送ではなく、通信によってテレビ番組を見るようになっている。難視聴地域や離島の人々は、ＮＨＫの放送インフラではなく、ＮＨＫ・民放共有のデジタル放送インフラやＮＴＴの光ファイバー通信網を通してテレビを見ている。ＮＨＫだけが「いつでも、どこでも、誰にでも、確かな情報や豊かな文化を分け隔てなく伝える」役割を負っていた時代はすでに終わったのだ。

この点でもＮＨＫが自らのみを「公共放送」と名乗る理由はなくなっている。まして中身に至っては民放とまったく変わりないのだから「公共放送」と自ら名乗り、他を「民放」と呼ぶ理由がないのだ。ＮＨＫの放送が過去において「公共放送」ではまったくなく、軍国主義プロパガンダや自虐史観を植え付けるプロパガンダを行っていたことは第2章でさらに明らかにする。

莫大な貯金

もう一つ、「公共性」の観点から見ておくべきは、協会職員の給与や、協会の財務状況である。週刊東洋経済（2019年11月23日号）は、「検証！　NHKの正体」という特集記事で、この巨大な団体についてのレポートを掲載している。以下、ここでの重要な指摘をまとめると、次のようになる（数字はいずれも同誌掲載時のもの）。

・職員数は1万人超。1人あたりの人件費は1098万円（平均年齢41・2歳）。これは民放キー局の平均年収は下回るが、民間の正規雇用の一般給与所得者の平均（503万円）を大きく上回るものである。
・労働環境には課題が多く、特に報道現場や制作現場での過重労働は問題になっている。
・受信料収入は年々伸びており年間7000億円を突破。ただし今後は一部負担軽減策の実施により、収入は減少する見込み。過去の利益の剰余金は2909億円にものぼる。

・2013年度と2018年度の番組制作費を比較した場合、ドラマやスポーツなどの制作費が増加傾向にある。2018年度はドラマには355億円、スポーツには692億円が費やされた。[19]

同誌が問題視しているのも、公共放送としての存在意義である。ではここからコロナ禍を経て2021年の決算はどうなっているか。本書執筆時点で最新のものとなる「2021年度決算概要」を見てみよう。[20]

まず事業収入は7009億円（うち受信料6801億円）で事業支出は6609億円、事業収支差金は400億円である。資産合計（1兆2720億円）から負債合計（4141億円）を引いた純資産合計は8579億円にものぼる。もちろんその中には不動産など固定資産も含まれるのだが、「現金預金・有価証券」だけで4993億円にものぼる。

番組制作費は1年間で3070億円。そのうちニュース（解説含む）は945億円。ドラマに361億円、エンターテインメント・音楽に234億円、趣味・実用に21億円、ライフ・教養に783億円。ドラマやエンターテインメントは民放との間に本質的に差のないものであるが、そこに600億円近くが費やされている。

職員給与の総額が1114億円で、1万人強の職員数で割ると1077万円となり、これは週刊東洋経済の示した数字とほぼ同じである。

NHKの大河ドラマや朝の連続テレビ小説、あるいはニュース番組に好感を抱き、受信料を支払うことに抵抗が無い方は、これらを見てもなお、支払った金額に見合うサービスが提供されていると感じるのだろうか。

なるほど、ドラマの中には優秀なものもあるのだろう（ただし、くどいようだが国際競争力はほぼ無い）。しかしそれは民放も同様である。報道番組でも優れたものがないわけではないだろうが、ニュースのほとんどは政府や企業の発表に拠るもので、自分たちで問題を抽出し、解決策を示すような試みはほぼ見られない。

一例を挙げれば、2022年に緊迫化した電力不足の問題は、それ以前からわかり切っていたことであるが、その解決を促すような報道、問題提起は行われていない。常に町の人の反応や、企業の対応をそのまま伝えるだけで、どこに公共性があるのか、わからない報道ばかりである。むろんこれは民放にも通じる問題なのだが、つまりはここでも公共放送としての独自性は見られないということになるのではないか。

私設無線電話施設者

そもそも、ＮＨＫは、日本国民が必要を認めて、国会議員に働きかけ、法案を通して設立した公的機関ではない。あとで詳しく見るが、ＮＨＫは戦前の無線電信法では「私設無線電話施設者」と位置付けられていた。つまり、勝手に始めた民放業者なのだ。これは今でも本質的に変わっていない。

勝手に始めた民放業者なのに、法律で定めたわけでもないのに、「私はこのような役割を負っていますから、お金ください」といわれても、「はいそうですか」と出すわけにはいかない。要するに「私設無線電話施設者」ＮＨＫは国民に受信料を要求する正当な理由がないのだ。

だから「みなさまに公平に負担していただく」という部分もおかしい。「公平」ということは、国民はみんな負担しなければならないということを前提としている。だが、前述のように、ＮＨＫは私たちの民意によって作られたものではないし、民意を反映して経営されているものでもないし、民意によってＮＨＫに受信料を払わなければならないとされているわけでもない。

仮にスイスのように「NHKに受信料を払うか、払わないか」を国民投票にかけるならば、おそらく過半数の国民が「払わない」を選ぶだろう。

実際、イギリスでは国民投票にかけられたことはないが、許可料を廃止すべきかどうかのアンケート調査が毎年行われている。先述のとおり、2019年の調査によれば廃止を「望む」が74%で「望まない」が14%だった。さらに、BBCが商業放送になるべきかという質問では、賛成が51%、反対が24%だった。[21]

日本ではなぜかこのような調査が行われてこなかったが、もし行われたとすれば、やはり同じような結果が出るだろう。つまり、受信料は廃止すべきだ、NHKは広告を放送して、受信者の負担を少なくすべきだといった意見が多数派になるということだ。

そもそもNHKは特殊法人であって、公的機関でも政府機関でもない。前にも述べたように、戦前は私設無線電話施設者と位置づけられていた。戦前・戦中におけるラジオ放送の重要性のために、政府機関にとりこまれてしまったので、わかりにくくなってしまったが、過去も現在も民間か公的機関かと問えば、はっきり民間だといえる。なぜ広告を放送して商業ベースでやっていってはいけないのか。

民意によって作られたものではないのに、必要ともされておらず、受信料の支払い義務も法律に定められていないのに、あたかも公的機関であるかのように「みなさまに公平に負担していただく」はおかしい。受信料支払い義務は放送法ではなく、「日本放送協会放送受信規約」の第5条で定められている。つまり私的な契約である。NHKは、受信者の公徳心に訴える戦術を使っているのだが、NHKの受信規約は私的契約なので、これは欺瞞的だといえる。

受信料規定の論理的破綻

奇妙なのは、放送法は「NHKと受信契約をしなければならない」としているが、「NHKに受信料を払わなければならない」とはしていないことだ。受信契約さえすれば、受信料を払わなくていいのか。事実、今も、直接的罰則規定がない。

この質問にNHKはこう答えている。

○放送法第64条第1項において、「協会の放送を受信することのできる受信設備を設置した者は、協会とその放送の受信についての契約をしなければならない。」と定められています。

〇また、放送法第64条第3項において、「協会は、第1項の契約の条項については、あらかじめ、総務大臣の認可を受けなければならない。」とされており、これに基づき、総務大臣の認可を得て「日本放送協会放送受信規約」を定めています。

〇その「日本放送協会放送受信規約」の第5条において、「放送受信契約者は、……（中略）……放送受信料を支払わなければならない。」と定められています。[22]

読んでみて気が付くことは、受信契約義務と受信料支払い義務がストレートに結びついていないことだ。まず、ＮＨＫは放送法第64条第1項をもって、テレビを設置した者はＮＨＫと契約する義務があるとする。

だが、受信料を支払わなければならないとしているのは「日本放送協会放送受信規約」であって放送法ではない。つまり、放送法は受信機の設置者に契約義務は負わせているものの、受信料支払い義務までは負わせてはいない。

契約義務は、総務大臣が契約条項を認可することによって生じている。総務大臣のこの行為によって受信者の支払い義務が法的に生じるのかどうかはよくわからない。総務大臣は政府の代表であり、政府は国民が選挙で選んだ議員から作られるのだから、総務大臣の認可は国民の認可だといえなくもない。だが、総務大臣の認可に民意が反映されているかといえば、そのような仕組みにはなっていない。

２０２２年6月10日の放送法の改正によって第64条の第3項以下が大きく変わったが、基本的な点はそのままだ。[23] 法律上の契約義務と民間契約上の支払い義務が直接に結びついておらず、総務大臣、つまり政府がＮＨＫと受信者の間に入って、両者を結びつけているということだ。これだと、政府が受信料の値下げや値上げに口出しできるだけでなく、支払いを義務化するかどうかも決めることができる。生殺与奪の権を握ることになり、ＮＨＫに政治介入できることになる。ＮＨＫが政権与党に弱い理由の一つはここにある。

驚くことに、この矛盾は現在の放送法のもとになった１９４９年の草案のときに既にあった。とりわけ１９４９年案は、日本の放送制度をどう形づくっていくのかをめぐるＧＨＱと日本政府首脳、当時の吉田茂総理との対立の結果だった。

占領のほうは１９５２年に終わったにもかかわらず、この矛盾はその後もそのままにされてきたのだ。結論からいえば、それは政府が受信料を人質にとってＮＨＫをコントロールするためだった。この受信料の矛盾がなぜ、どのように生まれたかについては、

第3章で詳しく述べる。

以上のことをまとめると、ＮＨＫがホームページでいっていることは、ＮＨＫの一方的な考えに過ぎず、放送法を踏まえたものではないということだ。

にもかかわらず、ＮＨＫのこのような一方的な決めつけを聞いても、違和感を持たない人がいることも事実だ。日本人は極めて長い間、このようなＮＨＫプロパガンダに洗脳されてきたので、その不自然さや矛盾に気が付かなくなっている。とくに、放送法が憲法が定める契約の自由に反して、受信設備を持つ人にＮＨＫとの契約義務を定めていることの問題点について、これまで正面から問われることはなかった。

イギリスを見ると、許可料支払い義務は定めているのに、ＢＢＣとの契約義務は課していない。なぜ日本も同じようにしなかったのか。つまり契約義務ではなく、受信料支払い義務を課すというシンプルなつくりになぜしなかったのか。それを知るためには受信料の歴史を知る必要がある。

私たちが知らなければならないのは、「いつから、なぜ、こうなったのか」だ。いつから受信機を持っているだけで、受信料を払わなければならなくなったのかだ。

なぜ、憲法で契約の自由を定めているのに、放送法は受信設備を持つ人に民間の特殊法人に過ぎないNHKとの契約を強制することになったのか。また、法律でそう決めているのに、なぜ違反しても原則的に罰則がないのか。なぜ、NHKと契約することではなく、受信料を払うことを強制できないのか。このようなことを正面切って問いかける研究はなかった。このため、時代が変わっているのに、メディア環境が激変しているのに、大多数の人々は思考停止を続けてきた。

しかし、NHKが1週間に5分も視聴されなくなった今、そして、放送に代わって有料動画配信がメディア視聴の中心になっている今、もはや問わずにはいられない。

受信料にはどのような歴史や政治的背景があったのか。日本放送協会に受信料を払ってきたことによって、日本の政治、言論はどうなってきたのか。

その経緯を踏まえたうえで、受信料を考えたとき、時代とメディア状況がすっかり変わった今、NHKに受信料を支払うことはいいことなのか。また、これからもNHKだけに、受信料という形で、支払い続けることは正しいのか。受信料の廃止が世界の趨勢となり、動画配信がヴィデオ視聴のかなりの時間を占めるようになった今、そして、大手動画配信会社が各国のコンテンツ制作会社を傘下に収めようという今、考え直してみなければならないのではないか。

第2章　NHKは私設無線電話施設者

NHKはもともと私設された放送局だ。電波は国家のもので、厳重に管理されるのでNHKも支配された。かつてはラジオ放送を聴くためには無線設置許可が必要で、それを取ったのちNHKと任意の受信契約をしていた。

「民放さん」という蔑称

NHKは、自らを「公共放送」と呼び、民放を「民放さん」と呼ぶ。その言い方を聞くと、否定的ニュアンスが含まれていることに気が付く。だが、実はNHKは「民放さん」として始まり、現在でも「民放さん」なのだ。本章では、このことを詳しく説明しよう。

まず、現在のNHKのもとになった東京放送局、名古屋放送局、大阪放送局（いずれも社団法人）が発足した頃の電波をめぐる状況をおさえておく。

これらの放送局は、「私設無線電話施設者」という位置付けだった。東京は１９２４年設立、名古屋、大阪は１９２５年設立である。この分類は、歴史上はじめて放送について定めた１９２３年の「放送用私設無線電話規則」（逓信省の省令）に基づいている。つまり、「無線電話施設」を「私設」した民間業者という意味だ。さらに言い換えると、勝手にラジオ放送設備を「私設」し、放送を始めた「民放さん」だということになる。

ここで少し用語を説明すると、当時の無線に関する法律「無線電信法」は「放送用私設無線電話規則」の親規定にあたる。この法律では、「無線電話」とはラジオ、「無線電話施設」とはラジオ放送局のことをいう。ラジオは無線通信の一分野とされていた。このことはあとで重要になるので頭に置いておいていただきたい。

無線電話は英語のRadio Telephonyを訳したものだ。これに対して電報はRadio Telegraphyという。つまり、無線が音声を運べば「無線電話」、文字（といってもモールス信号）を運べば「電報」となり、ともに無線通信なので、「無線」と分類される。

１９２０年アメリカのピッツバーグで無線機器メーカーであるウェスティングハウスの技師フランク・コンラッドが世界で初めて定時ラジオ放送（ＫＤＫＡ）を始め、その後ラジオ産業が勃興すると、これに刺激された日本の実業界でラジオ導入の動きが活発化した。1924年4月時点で東京26、大阪12、名古屋3の出願があり、その数はその後も増えた。[24]

この当時の日本のラジオの性能では、一地区でこんな数の業者に放送を許可するわけにはいかなかった。多くの業者が放送局を始めたら、混信がひどくなってなにも聞こえなくなる。だから、放送局の数を絞り込まなければならなかった。この当時、「電波は国のもの」であって軍と官が使うものだった。私設無線電話施設者は、電波が余ったらそのおこぼれにあずかれる存在に過ぎなかったのだ。

電波は国のもの

事実、無線電信法の第6条と7条、8条は次のようになっていた。

第6條　主務大臣ハ命令ノ定ムル所ニ依リ私設ノ無線電信又ハ無線電話ヲ公衆通信又ハ軍事上必要ナル通信ノ用ニ供セシムルコトヲ得

前項ノ場合ニ於テ必要ト認ムルトキハ主務大臣ハ吏員ヲ派遣シテ其ノ取扱ヲ爲サシ

ムルコトヲ得

第7條　主務大臣ハ公衆通信上又ハ軍事上必要ト認ムルトキハ私設ノ無線電信、無線電話ノ許可ヲ取消シ又ハ其ノ設備ノ變更、使用ノ制限若ハ使用ノ停止ヲ命スルコトヲ得、無線電信、無線電話ノ混信防遏ノ爲必要ト認ムルトキ亦同シ

第8條　主務大臣ハ公安ノ爲必要ト認ムルトキハ私設ノ無線電信、無線電話又ハ外國船舶ニ装置シタル無線電信、無線電話ノ使用ノ制限、停止又ハ其ノ機器附屬具ノ除却ヲ命スルコトヲ得

前項ノ場合ニ於テ必要ト認ムルトキハ主務大臣ハ當該官吏ヲシテ機器附屬具ニ封印ヲ施シ又ハ之ヲ除却セシムルコトヲ得[25]

（第6条　主務大臣は命令の定めるところによって、私設の無線電信または無線電話を公衆通信または軍事上必要な通信用に提供させることができる。

必要に応じて、主務大臣は公務員を派遣してこれらの通信手段を取扱わせることができる。

第7条　主務大臣は公衆通信上、または軍事上必要と認められるときは、私設の無

線電信と無線電話の許可を取り消すこと、またはその設備の変更、使用制限もしくは使用停止を命じることができる。無線電信や無線電話の混信を防ぐために必要なときも同様である。

第8条　主務大臣は公の安定のために必要と認められるときは、私設の無線電信、無線電話、または外国船舶に設置した無線電信、無線電話の使用制限や停止、またはその機器の撤去を命じることができる。

その際、必要であれば主務大臣は官吏らに機器付属具に封をして撤去させることができる）

つまり、主務大臣は、私設無線電信・電話を公衆と軍のために、使用を命じることができるのだ。「公衆」といっているが、当時は国家のためという意味である。逓信大臣安達謙蔵も、国家非常の場合にはこの放送は唯一無二の大通信設備として国務に供せられるといっている。[26]

また、無線は軍事的に重要だった。第一次世界大戦で飛行機や潜水艦や戦車など近代兵器が登場したが、これらを使用するうえで欠かせないのは無線だ。それでなくとも、近代戦は機動力が命なので、無線によるコミュニケーションは必要不可欠だ。

したがって、電波の使用は、軍が優先で、民間の純粋に私的な事業に認可を与えるなど考えられなかった。最も民間の電波使用に寛容だったアメリカすら、第一次世界大戦の間はそれを凍結した。領土拡張に邁進している大日本帝国でも、電波はまず軍のものであって、民間は空きがあったら使用を許されるものだった。

戦後「公共の電波」とよく言われるようになったが、この考え方はGHQがもたらしたものだ。つまり、「電波はみんなのための放送をするものに免許を与えよう」ということだ。みんなとは、個人ではなく、公衆であり、公共だといえる。

日本には「電波は国のもの」という考え方はあったが、「電波はみんなのもの」という考え方はなかった。国と民では、国が先になり、しかも民と国は一体とみなされた。国ではなく、民のものであり、しかも公共のものだという考え方は、戦後の1950年の放送法を待たなければならなかった。

無線電信法の時代には、電波は国、とりわけ軍のものだったので、その第1条も「無線電信及無線電話ハ政府之ヲ管掌ス」となっていた。ほかの条文にも軍と官のことばかり出てくる。その無線電信法の、子あるいは孫規定にあたる放送用私設無線電話規則の中でようやく私設無線電話施設者、つまり民放が登場する。しかも、これは大日本帝国議会で成立した法律ではなく、時の逓信大臣犬養毅が逓信省の省令として決めた「規則」に過ぎなかった。

公共放送の理想

三つの社団法人が設立される直前、日本国内では、電波は新しいビジネスチャンスのある分野として目端の利く者から注目されていた。前述の世界初の定時ラジオ放送（KDKA）やアメリカのラジオ産業のことを聞いて、自分もラジオ放送で一儲けしようとラジオ放送局（つまり私設無線電話施設）の設置を願い出てくる民間業者は数多く存在した。

あまりにも多いので、1924年、犬養逓信大臣は、一計を案じて「儲からぬようにした」。[27]つまりラジオ放送を「公共目的」のものに制限し、広告も禁じたのだ。こうすれば、金儲けしか考えていない業者はあきらめ、「公共目的」の放送をしようという奇特な業者だけが残ると犬養は思った。

念を押しておくが、これらの願い出た業者は、最初から公共目的の放送をしようと思っていたのではなく、犬養が「公共放送」でなければ許さないとしたので、そのような放送を心がけざるをえなくなったのだ。

逓信省は、このように「公共放送」でもいいからやりたいという出願者のなかから有力者を選んで都市ごとに招集し、彼らを核として出願の一本化を図るよう促した。有力者としては、新聞社と無線機業者が逓信省に選ばれた。

新聞社が放送に参入したがったのは、ニュースを扱っているからだ。この当時は娯楽番組などなかったので、ラジオのコンテンツはニュース（株価、天気予報、その他の一般ニュース）だった。同じコンテンツで新聞と放送で収益を二重にあげられる。まだ事業を始めていなかったので、新聞と放送はバッティングするかもしれないとは考えていなかった。

無線機業者はといえば、放送をすれば、それを聴くためのラジオ受信機が売れるので当然のこととして参入を望んだ。また、当然ながら無線機のハード面についての知識を持っていたので逓信省としても望ましいと思っていた。

ここで断っておくが、ラジオ受信機とは無線機である。つまり、スパイなどが交信に使ったりするものでもある。

こうして、あまたある業者のなかから、東京、名古屋、大阪の新聞社と無線機業者が協議して一つにまとまり社団法人東京放送局が1924年11月29日、社団法人名古屋放送局が翌25年の1月10日、社団法人大阪放送局が同年2月28日に設立された。

1925年3月22日東京放送局総裁となっていた後藤新平は初放送で抱負を述べた。それはまとめると次のようなものだった。

1 都市と地方の格差をなくし、文化の機会均等を実現する。
2 従来、家庭の外にあった娯楽を家庭にもたらし、一家団欒で楽しめるようにする。
3 多くの人々に学術知識をあたえて、教育の社会化をすすめる。
4 海外経済事情や株式、商品取引の情報が伝えられることで取引を活発化させる。[28]

これが後藤の考える「公共放送」の役割だった。高邁な理想で非の打ちどころがない。東京放送局、名古屋放送局、大阪放送局、これらの放送機関は疑いもなく公共性を持っていた。言い換えれば、ほかのメディアにはない、みんなに必要とされ、みんなに役立つサービスを提供していたということだ。だから、国民から喝采をもって迎えられた。

東京、名古屋、大阪に放送局が設置され、それぞれの地域で放送を始めてまもなくの1926年2月、逓信省がこの3局を統合することを勝手に決定した。そして、同年8月6日に3局の代表を強引に東京に集め、「社団法人日本放送協会」の設立総会を開いた。ここに現在のNHKの前身である「日本放送協会」が生まれる。これによって全国放送を目指す体制ができた（以下、日本放送協会を「協会」と記す）。

このころの都市と地方の情報格差は現代の比ではなかった。娯楽は決して身近なものではなかった。学術知識が得られる場はごく限られていた。海外の経済事情、株式、商品取引の情報をリアルタイムで知ることなどほとんどできなかった。そんな時代に、受信設備さえ購入すればこれらの情報を得られるというのだ。

ラジオは、速報性とネットワーク性で当初から新聞とは異なる性質を持っていたが、やがて教育性、娯楽性でも別のメディアになっていった。そして、この点で、間違いなく公共性を持っていたし、それを日本人は必要としていた。

受信届けと契約義務は別物

さて、私たちが知りたいのは受信料、つまり当時の聴取料のことである。一体、これら「公共放送」を行う私設無線電話施設者は、放送用私設無線電話規則のもと、どのようにして受信料を集めたのだろうか。

まず、注目すべきは、ラジオを受信するための手続きが2段階になっていたということだ。まず受信許可を電波管理局に願い出て、許可を取得すること、しかるのちに、協会と受信契約をすることだ。

受信者はラジオを買いさえすれば放送を受信できるというものではなく、まず、自分が住んでいる地方の所轄の電波管理局長に次の内容の「聴取無線電話施設願」を提出しなければならなかった。

一、出願者住所氏名
二、機器装置場所【携帯使用ノモノニ在リテハ其ノ保管場所】
三、受信機ノ名称、製造者名、製造者ノ型式番号、製品番号[29]

無線電信法に「無線電信及無線電話ハ政府之ヲ管掌ス」とあるのだから、このように受信希望者が政府機関である電波管理局に届け出をするのは当然だ。

また、当時のラジオは無線機なのだから、協会の放送を聴取する以外に、どこかが発信したものを傍受したり、逆にどこかへ向けて発信したりすることもできた。

軍や官からすれば、なるべく民間人に持たせたくない設備だ。許可するにしても厳重に管理しなければならない。だから、所有者の名前、住所だけでなく、設置場所や受信機の型式や製品番号まで「聴取無線電話施設願」によって届けさせた。

前にイギリスでは、日本の受信料に当たるものを「許可料」と呼ぶといったが、このような経緯を見るとなぜそう呼ぶのかがわかる。イギリスでも最初は同じだったのだ。つまり、設置者が政府に名前、住所、設置場所、型式・製品番号などを届け出て、無線機（ラジオ受信機）を使用する許可をもらう。そして、イギリスはそのような事務手続きや制度維持のために発生する費用の負担を受益者に求めた。1991年からは「許可料」をBBCが徴収しているが、それ以前は政府がまず徴収したうえで、BBCに収入のほとんどを渡していた。

協会との契約は任意

話を日本に戻すと、受信者は、さらに放送局に聴取契約書を出さなければならなかった。「放送用私設無線電話規則」第13条は、当初、受信機を設置しようとする者は「相手放送施設者（放送局）ノ承諾書ヲ添付」して、所轄逓信局長へ受信許可の願書を提出すると定めていた。この「承諾書」は協会の放送が始まったあとの1925年12月には、「放送施設者ニ対スル聴取契約書」と改められた。そして、この契約書には、「貴局契約に依り聴取し御所定の料金を支拂可申候」という文言が入っていた。[30]

ラジオ受信機を買い、電波管理局に「聴取無線電話施設願」を提出するのは、ほとんどの人の場合、協会の放送を受信したいためなので、これに異を唱えなかっただろう。他の目的はなかったのだ。AV機器を買うのは、NHKの放送を視聴するためなどではない今日とは状況がまったく違った。

このように、無線電信法の時代には、放送用私設無線電話規則のもと、放送サービスを受けるための手続きが、受信者が電波管理局に受信機の設置許可を求めること、協会と放送サービスを受け「所定の料金」を支払う契約をすることの2段階になっていた。

くれぐれも注意して欲しいのは、受信者は、あくまで自由意志で受信機を購入し、放送を聴取するために、「聴取無線電話施設願」を出し、それを受理してもらうために協会と契約したのだということだ。無線通信をしたいという人を除き、放送を聴取させていただくために、逓信大臣に自ら進んで受信機の名称や製造者名、型式番号、機器の設置場所を電波管理局長に届け出たうえで、これも自ら進んで協会と聴取契約を結び、受信料を喜んで払わせていただいたということだ。

これは、現在の私たちがNetflixやAmazon Prime VideoやWOWOWの一つ、または複数と契約し、料金を払うのと同じく自由契約だが、当時の聴取者はほかに選択肢がまったくないこともあって、協会に放送を聴かせてもらうことをありがたいと思っていた。この頃ラジオというものが人々にとって、どんなに貴重なものだったか、それを持つことにどんなに憧れたか、放送という娯楽をどんなに楽しみにしていたかがわかる。

翻って現在のわれわれ、「放送法」のもとの受信者は、もはや受信機の届け出義務もないのに、契約の自由が認められていない。われわれはＮＨＫの放送を視聴しているかもしれないが、必ずしも契約を結ぶことも、ましてや受信料を払うことも望んでいない。ほかにいくらでも放送、無料動画配信、有料動画配信、インターネットコンテンツがあるからだ。これは途方もなく大きな違いだ。

政府は受信料徴収にどうかかわっていたのか

当時、無線電信法の下で、政府機関は受信料徴収にどうかかわっていたのだろうか。「放送用私設無線電話規則」の第11条は次のように規定していた。

第11条　放送施設者第13條ニ依ル私設無線電話施設者ヨリ聴取料ヲ受ケムトスルトキハ、豫メ其ノ額及契約事項ヲ定メ電気通信大臣ノ認可ヲ受クヘシ之ヲ變更セシムトスルトキ亦同シ

電気通信大臣ハ公益上必要アリト認ムルトキハ前項ノ聴取料額若ハ契約事項ノ變更ヲ命シ又ハ別ニ告示スル所ニ依リ特ニ聴取料ヲ免除セシムルコトアルヘシ

（放送局が本規則第13条にある受信者から聴取料を徴収しようとするときは、その金額および契約事項についてあらかじめ電気通信大臣の認可を受けなければならない。これらを変更するときもまた同じである。

電気通信大臣は公益上必要があると認めたときは前項の聴取料額もしくは契約事項

の変更を命じ、または、別に告示するものにしたがって、特に聴取料を免除することがある）

協会は、ラジオ聴取者から受信料をとるために契約してもらうのだが、その契約内容は勝手に決めてはならず、電気通信大臣の認可が必要だ。契約そのものは、協会と受信者の間のものだが、その内容を認可するという形で、両者の間に電気通信大臣が入り込んでくる。

これに似た条文をどこかで見た覚えがある方もいることだろう。いうまでもなく、現在の放送法の受信料規定だ。53-54頁でも、ＮＨＫの説明の中で登場したが、確認のため、この規定をここで引用してみよう。

第64条　協会の放送を受信することのできる受信設備を設置した者は、同項の認可を受けた受信契約の条項で定めるところにより、協会と受信契約を締結しなければならない。（中略）

3　協会は、受信契約の条項については、次に掲げる事項を定め、あらかじめ、総

務大臣の認可を受けなければならない。これを変更しようとするときも、同様とする。

一　受信契約の単位に関する事項

二　受信契約の申込みの方法及び期限に関する事項（特定受信設備の設置の日その他の当該申込みの際に協会に対し通知すべき事項を含む。）

三　受信料の支払の時期及び方法に関する事項[31]

比較してみると、放送法第64条は、今からおよそ100年も前の「放送用私設無線電話規則」の第11条をほぼ踏襲したものだということになる。民間の事業なのに、政府機関が間に入って放送局と受信者を結びつけるという形は、このときからあったのだ。

もし、このとき、電波管理局が関係せず、聴取契約が受信者と放送局の間だけになっていたなら、契約は受信者と放送局の間の随意契約で、いつでも結ぶことができ、いつでも解除できるものになっていただろう。契約の自由があるからだ。

電波管理局が関わることによって、受信者と放送局は、国家機関に管理されることになった。受信者は届け出をすることで、自分の氏名と住所とどんな受信機がどこに置いてあるのか把握されることになる。放送局の方は、その受信者にどのような料金で、どのような放送サービス（放送内容、放送時間）を行っているかを知られることになる。そして、受信者と放送局の契約は固定的なものになる。受信機を買い、電波管理局に届け出たのだから、放送を受信するのを簡単にやめられない。当時ラジオ受信機はとても高価だ。買った以上、聴取契約はよほどのことがないかぎり解約しないことになる。

協会は政府に支配されていた

なぜ私設無線電話施設者が受信者との間に契約を結び、料金を徴収するのに、電気通信大臣が出てくるのだろうか。「公共放送」を義務づけられたとはいえ、民間法人なのだから放っておけばよさそうなものだ。

その答えは、やはり「電波は国のものだ」ということだ。だから、すべからく電波は国家が管理するべきだということになる。無線電信法第1条にも「無線電信及無線電話ハ政府之ヲ管掌ス」とある。無線電信法は、放送用私設無線電話規則の親規定にあたる。つまり、おおもとの無線電信法があらゆる無線は政府が管理するとしているのだから、私設無線電話施設者に関わることであっても、電波に関することである以上、国が管理しなければならない。いったんことあるときは、私設無線電話施設者から電波を取り上げることになるからだ。

一方、この放送用私設無線電話規則と現在の放送法の違いは、前者が省令ではあるが、聴取者が協会と契約し、料金を支払っていることを前提としているのに対し、後者は契約しなければならないと義務づけているに過ぎないことだ。つまり、戦前の放送用私設無線電話規則は、聴取料の支払いを前提としているが、戦後の放送法は前提としていない。

放送法は受信料を払うように決めてはいない。受信料は受信者がＮＨＫと契約して初めて生じるのであって、そこに放送法も、したがって国家も、関わっていない。放送法はあくまで、受信できる設備を持ったものは、協会と受信契約を結ばなければならないと、契約義務のみを定めているだけで、受信料支払い義務についてはなにも述べていない。契約義務も罰則も原則的にともなわない訓示規定だ。[32]

放送用私設無線電話規則により国家機関の管理のもとに置かれた戦前の協会は、法律以外でも、様々な面で逓信省の支配下にあった。「社団法人日本放送協会」の「定款」そのものが逓信省によって作成されたものだった。人事の面でも、顧問に渋沢栄一と永田仁助、会長に岩原謙三（三井物産取締役）など実業家を据えたものの、常務理事は８

人が８人とも逓信官僚だった。[33]

これも無理からぬことだった。これら官僚出身者は、無線電信のことによく通じていたし、監督官庁の逓信省とも太いパイプをもっていたので、業務がスムーズにいくからだ。

今日、ＮＨＫは自らが公的機関であって、放送に関係する法によって公的地位を与えられているとミスリードするが、歴史的事実は、電波を使ってきたので無線電信法との関係から、そして人員の面でも電波管理局や逓信省と深く結びついていたので、公的機関であるかのように錯覚されてきたというに過ぎない。私的に無線電話を設置し、設備を整え、従業員を雇っていながら、今になって公的機関を名乗り、その経費をすべて受信者に負担せよというのはおかしいのだ。

とはいえ、たしかにこの当時の協会は、「公共放送」をしていて、それを国民が必要とし、望んでいた。だから、聴取料をとっても誰も異論を唱えなかったし、むしろラジオ受信機を買える人々は、放送サービスを受けるために、進んで届け出をし、聴取料を払った。

このように有料とはいえ、高邁な理想を掲げて始まった「公共放送」だったが、この実態はわずか1年で失われ、「軍国プロパガンダ放送」に変わる。

国策機関

1926年、東京局、名古屋局、大阪局を統合して「社団法人日本放送協会」を設立したとき、その席上で逓信大臣安達謙蔵は、なぜこのように統合が必要だったのかについてこう述べている。

国家が必要とする場合即ち国家非常の場合には、この放送は唯一無二の大通信設備として国務に供せられるのでございます。それで全くある意味に於きましては、国家的事業であると申しても差し支えないのであります。その業務も殆ど国務に準ずると言っても良い様なものであると私は考えております。[34]

安達は「国家非常の場合には」といっているが、このころ何があったのだろうか。

1926年に中国では次のような動きがあった。

1月4日　広州で国民党2全大会開催。汪兆銘・蔣介石ら実権掌握。党中央宣伝部長代理に毛沢東選出。
3月20日　蔣介石、戒厳令を公布し広州封鎖。共産党員逮捕（中山艦事件）。
7月9日　蔣介石、国民革命軍総司令に就任し、北伐開始。
9月7日　北伐、漢口占領。

中国で日本と対抗していこうとする勢力がまとまりはじめ、蔣介石を総司令官として日本軍に対して立ち上がろうとしていた。満州事変につながっていく動きが起こっていたのだ。

もともと無線電信法は、「無線電信及無線電話ハ政府之ヲ管掌ス」としているのだから、逓信大臣が3局を強引に統合させて逓信省つまり政府の下に置き、「国家非常の場合には、この放送は唯一無二の大通信設備として国務に供せられる」のは、なんの問題もなかった。

元NHK職員の多菊和郎は「放送受信料制度の始まり『特殊の便法』をめぐって」のなかでこう記述している。

１９３１年に満州事変が起こり放送番組にも戦時色が影を落とし始めた。日本放送協会は3局合同を経て組織の中央集権化を進め、34年の地方支部廃止で全国一元化を完成する。その組織は「非常時」の国家情報管理体制に適合するものであった。電務局長・畠山敏行は１９３０年の論述で、公益社団法人に放送免許を与えた目的は「政府経営の場合と軒輊（けんち）なき状況」、つまり国営放送と変わりのない放送事業を行わせることにあったと断言したが、放送内容の編集権限と協会幹部の人事権を逓信省に掌握された社団法人は、まさに「政府経営と軒輊なき」放送局への道を辿った。[35]

プロパガンダ機関に

これ以降、協会は「時局的活動」として、聴取者に軍国主義プロパガンダを流した。それを『日本放送協会史』は「昭和十二年度以降は更に支那事変の勃発と国民精神総動員運動の実施に伴ってラヂオの時局的活動の使命が再認識され（中略）郡部加入が画期的躍進を示し事業前途に愈々大きな光明を与へつつあるのである」と正当化する。[36]

満州事変が勃発した１９３１年９月から翌年の10月までの間に「時局関係番組」、つまり「満州は日本の生命線であり、ここに進出していく国民の覚悟と奮起を促し、世論の方向を支持する番組」を260本も放送した。[37]

では、聴取者は減ったかといえば、逆に増えた。中国の戦地に多くの兵士を送り出すことになった農村部では、その安否を知るために新たに受信契約をしたからだ。新聞も戦争によって大きく部数を伸ばしたが、同じことはラジオ放送、つまり協会にもいえた。協会は完全に日本政府の軍国主義プロパガンダ機関となった。これを「公共放送」と呼べるだろうか。後藤の「公共放送」の理想はどこへいったのだろうか。66頁を再度読んでいただきたいが、どこにも時の政府の広報をつとめるといった要素はない。

その一方で、大日本帝国の拡張にともない、協会の放送は異なる国の異なる言語の人々をも聴取者とするようになった。実際、満州では、日本語、中国語、満州語、朝鮮語、ロシア語で放送されていた。この点では、スイス的「公共放送」だったのだが、なにしろ中身が国策遂行プロパガンダだった。

軍国主義時代の聴取料徴収

このように政府の支配下に入り、国民に国策遂行プロパガンダを行ったのだから、聴取料は無料になってもおかしくはない。だが、驚いたことに、相変わらず聴取料はとっていた。満州事変に日本人の関心が集まり、受信世帯が5年前の50万から100万を突破したのに、聴取者から以前と変わらぬ額の聴取料をとり続けていた。この辺に今のNHKの強欲さのDNAが見て取れる。

徴収方法に関していうと、東京放送局では聴取料の「直接徴収」と「間接徴収」の得失が検討された。直接徴収は協会職員が聴取契約者を訪問することで集金する方法で、間接徴収は集金区域を決めてその範囲の徴収を業者に委託し、彼らにその代行費用を支払う方法だ。現在でもNHKは委託業者に受信料の徴収を委託しているが、そのルーツはここにあったのだ。[38]

東京放送局の聴取契約者数は最初の1年間ですでに20万件を超えていたが、聴取者の居住地は分散していたため協会は官を利用することにしたのだ。つまり、郵便局が運営する「集金郵便」の制度を利用することにしたのだ。この制度は郵便局が売掛金などの現金の取立てを代行する制度である。

実は、最近までイギリスもこのような方法をとり郵便局で許可料を支払わせ、それをBBCに回すということをしていた。民なのに、官の力を借りることで、あたかも官であるように振る舞うというNHKの態度はBBCにも見られる。だから、ジョンソン首相やドリーズ文化相にその厚かましさを批判されたのだ。

さて、「集金郵便」の取扱は1件の金額が3円以上だったため、聴取料3カ月分（3円）を1回の請求額とし、1年を4期に分けて聴取料を徴収していた。[39]大阪、名古屋の2局も同じ方法を採用したが、3カ月分を一度に支払うことは聴取者に無理があった。白米10キロが1円54銭、紡績工場の女工の月給が12円の時代なので、決して安くはなかった。[40]

日中戦争が始まった1937年には集金方法別の聴取者比率は、直接集金の対象が75・2％、委託集金が17・3％、郵便集金は7・5％。[41]協会による直接の集金が急速に拡大したことになる。この年度末の全国契約者数は344万5000人であった。

これだけ聴取者が増えると、逓信省にラジオ受信機の設置を届け出ず、したがって聴取料を払わずに放送を聴く「不法施設者」（不法聴取者）も増えてくる。

そこで協会は再び官を利用することにした。逓信省に不法施設者の実態調査と取締りを求めた。[42]これは国の仕事ではまったくない。なぜ、一私設無線電話施設者のために逓信省がこんなことをしなければならないのか。答えは、常任理事が全員逓信省からの天下りなので、そうする必要があり、それができたということだ。天下った官僚が、昔の威光をかさにきて、天下り先の利益のために、古巣の現役官僚を強引に動かすという悪弊がここにもみられる。

これが終戦までの協会と受信料の実態であった。ではこれは終戦後、アメリカ軍に占領されたことによってどう変わったのだろうか。その中で、受信契約義務と受信料支払い義務が直接結びついていない日本のメディア史上最大の矛盾はどのように生まれたのだろうか。

第3章　ＮＨＫのＧＨＱへの抵抗が生んだ受信料の矛盾

ＧＨＱは日本の放送を民主化・自由化し、日本放送協会を政府から切り離そうとした。逓信省と日本放送協会は旧体制維持のため抵抗した。ここから受信料の矛盾が生まれた。

ＧＨＱは協会をプロパガンダに利用した

ＧＨＱは政府（というより軍部）に支配された協会が戦前・戦中に何をしていたかよく知っていた。政府・軍部と一体化して国民に満州進出プロパガンダを行い、軍国主義を鼓吹し、国民を戦場に駆り立て、大本営発表で騙した、正真正銘の戦犯である。

しかし、ＧＨＱは、戦前・戦中メディア企業で指導的立場にあった人々（日本放送協会会長下村宏、読売新聞社主正力松太郎、朝日新聞主筆緒方竹虎、同盟通信社社長古野伊之助など）を戦争犯罪容疑者として指名、巣鴨プリズンに収監し（緒方は病気のため収監されなかった)、釈放後も公職追放したが、放送を独占し、したがって重大な責任を負っていた協会そのものは解体しなかった。

これはアメリカ流のプラグマティズムだ。この当時、協会は世界でも有数のラジオ放送網を構築していた。これを解体するのではなく、占領政策の広報機関として、日本人に対するプロパガンダ機関として徹底的に利用することにしたのだ。

これは、日本に勝利するはるか前に、日本占領計画の一部として決まっていたことだ。アメリカ軍は、協会だけでなく、新聞社、通信社、映画会社などあらゆるメディアのことを調べ上げ、その利用計画を準備していた。

GHQが協会の組織に関して行った改造は、長らく政府と癒着してきたこの組織を政府から切り離すことだった。その手はじめとして、終戦からわずか2カ月半後の10月30日、GHQは協会に命じて臨時会員総会を開かせ、人事に関する定款を改めさせた。それまで理事・監事の選任・解任、会長・専務理事・常任理事の就職・解職は、主務大臣の認可を受けることになっていたのだが、この条項を削除させ、政府の支配を排除した。

GHQによる協会の「民主化」

こうしておいて、GHQは、12月11日、「日本放送協会の再組織」というメモ（実質的に指令）を渡し、17人の委員からなる「放送委員会」を作り、これに協会の運営を委ねるよう命じた。[43]この当時の日本では、協会しか放送を行っていない。このことを考えれば、「放送委員会」は、アメリカでいえば連邦通信委員会（FCC、Federal Communications Commission）に相当する。事実、このあと、電波監理委員会という日本版連邦通信委員会を設置する方向に向かっていく。

GHQは、放送委員会を作ることで協会を政府支配から解き放ち、自律的に運営していける組織に変えようとした。ただし、委員の顔ぶれを見ると、もう一つの意図もあったようだ。つまり、彼らのいう「放送の民主化」だ。

科学技術　浜田成徳（東京芝浦電気株式会社電子工業研究所所長）、渡辺寧（東北帝国大学工学部教授）
農業　近藤康男（東京帝国大学農学部教授）
実業　川勝堅一（株式会社髙島屋常務取締役）、富永能雄（函館船渠株式会社社長）
芸術　大村英之助（日本移動映写連盟会長）、土方與志（演出家）

学界　滝川幸辰（京都帝国大学法学部長）、堀経夫（大阪商科大学教授）
婦人　加藤シヅエ（日本社会党衆議院議員）、宮本百合子（作家）
労働　荒畑寒村（社会主義運動家）、島上善五郎（東京交通労働組合書記長）
新聞出版　岩波茂雄（岩波書店店主）、馬場恒吾（読売新聞社社長）
青年　瓜生忠夫（青年文化会議常任委員）、槇ゆう子（日本共産党婦人部部員）[44]

この顔ぶれを見てわかるように、東京に偏らないよう、一つの分野、一つの階層に集中しないように配慮されている。しかし、プロレタリア演劇を引っ張っていた土方與志、作家ながらのちに共産党書記長、委員長、議長を歴任する宮本顕治の夫人の宮本百合子、社会運動家の荒畑寒村など左に寄った知識人が多い。岩波書店の岩波茂雄、共産党婦人部部員の槇ゆう子など、左翼系文化人・指導者も目立つ。

ＧＨＱの考える「民主化」とは、軍国主義的・右翼的な組織に社会主義的・左翼的な人々を送り込んでイニシアティヴを取らせることだった。戦前・戦中は右に傾いていたので左に傾けることによって是正（ＧＨＱの言葉では民主化）しようという狙いだ。さらにＧＨＱは協会に労働組合を作ることを促した。これは五大改革の一つ「労働組合結成奨励」の一環だった。

ＧＨＱは同じことを新聞や映画などのメディアにも行った。つまり、軍国主義の時代にトップにいた人々を戦争犯罪容疑者として指名し、巣鴨プリズンに送り、出たあとは公職追放し、彼らに反旗を翻した従業員、とりわけ労働組合幹部に主導権を握らせたのだ。これらのメディアは今日でも極端に軍隊を嫌い、左翼色が強く、自虐的な歴史観を唱える傾向が強い。占領が終わって70年以上も経つのに、あまり変わっていない。

逓信省の抵抗

逓信省はこの放送委員会に関わろうとしなかった。[45]協会は、戦前・戦中は国策遂行・軍国主義プロパガンダ機関だったが、もともとは私設無線電話施設者だ。そもそも官が民に関わるのはおかしい。また、逓信官僚は、連邦通信委員会を念頭において政府とは独立した運営組織を作ろうとするアメリカに、ささやかな抵抗の意志もあったのかもしれない。こうして放送委員会は、ＧＨＱの肝いりで作られたものの、逓信省が協力しなかったので機能しなかった。実施機関としての逓信省はなにもしようとしなかった。後藤新平の理想をいとも簡単に捨て去り、戦前・戦中は軍国主義プロパガンダ機関に成り下がっていた協会は、ＧＨＱのもとでどのような放送をしたのだろうか。それは、またしても日本人に対するプロパガンダだった。つまり、（１）敗戦を認めさせる（２）先の戦争は悪い戦争で国民にその罪があると刷り込む（３）戦争で被った惨禍はすべて日本が自ら招いたものでアメリカのせいではないと思い込ませる（４）極東国際軍事裁判を受け入れなければならないと思わせる、というものだ。

このようなプロパガンダ・プログラムをＧＨＱは「ウォー・ギルト・インフォメーション・プログラム（ＷＧＩＰ）」と呼んだ。それを行う中心的役割を担ったのが、協会だった。[46]つまり単に主人が替わっただけで、プロパガンダを無批判に流すメディアだという点は戦前と変わっていない。

このプログラムのなかで、協会はかつての「主君」政府と軍部を徹底的に攻撃した。それだけでなく、厚顔にも、国民を戦争に駆り立てたのも、大本営発表で騙したのも、政府と軍部であって、自分たちは関係ないかのように振る舞った。

というより、政府と軍部にだけ非難のフォーカスを当てて、自分たちの非には目が向かないようにした。これは、協会が現在でも続けていることだ。つまり、軍部と政府の戦争責任は暴くが、それと一体化していた自らの戦争責任には極力フォーカスを当てない。つまり「自分以外のみんなが悪いのであって、自分だけは悪くない」ということだ。

放送法の意図

ＧＨＱの命により、逓信省は放送法の作成を始めた。ＧＨＱ側の目的は、協会を政府から切り離し、協会の独占体制を打破し、日本の放送を「民主化」し「自由化」しようというものだ。

放送法の作成にかかわった民間通信局分析課長代理クリントン・ファイスナーは、協会に手かせ足かせをはめ、戦前回帰しないようにし、受信料の強制徴収をやめさせようとした。これは、放送における協会の独占体制を破り、弱体化させることともつながっていた。これが、ＧＨＱの考える「民主化」と「自由化」だった。

これに対し、協会と逓信官僚は、できるだけ協会を現状のまま留め置こうとした。つまり、政府の支配のもと、独占体制を続け、ＧＨＱの「民主化」と「自由化」に抵抗するということだ。両者の綱引きが始まった。

放送法は１９５０年の成立までにいくつもの案を経ている。以下に各ヴァージョンとその特色をまとめた。

放送法のヴァージョン	特徴
①1948年1月20日案	受信機届け出義務　受信料支払い義務
②1948年2月20日案	受信の自由化　受信機届け出義務　受信自由制　受信料支払い義務を見直し（「受信料を徴収することができる」に変わる）
③1948年6月18日案	受信の自由　受信機届け出義務廃止　受信料支払い義務（受信機届け出制を廃止したので）
④1949年3月1日案	受信の自由の明記　受信みなし契約（受信設備を設置した者は協会と契約したものとみなす）
⑤1949年8月27日案	受信の自由　受信契約義務（受信設備を設置した者は協会と受信契約を結ばなければならない）
⑥1949年10月12日案	協会はあまねく日本全国において受信できるように放送を行うことを目的とする
⑦1950年5月2日公布放送法	受信の自由　受信契約義務　受信料支払い義務は定

めず

1948年6月18日に第2回国会に提出された放送法案は、大枠としては後で詳述するファイスナー・メモにしたがうものだったといえる。つまり、「放送委員会」について細かく規定し、この委員会がアメリカの連邦通信委員会と同じように、放送免許の発行を行い、放送の将来計画を策定するとしている。[47]これは、GHQの目指す民主化であり、アメリカ化だといえる。この委員会が免許申請者にヒアリングを行い、公共の利益に資する放送事業と認めれば、免許を発行することができる。これによって、協会以外にも、民間企業が放送事業をすることができる。つまり、独占の打破と放送の「自由化」だ。

その一方で、この委員会は次のように、独占企業である協会に、その経営状況を総理大臣と国会に報告する役割も負わせた。

第23条

2．放送委員会は、第41条に掲げる日本放送協会の毎事業年度の貸借対照表、財産

目録、損益計算書及びそれらに関する説明書を内閣総理大臣を経由して国会に提出するとともに、これを公告しなければならない。[48]

協会はこの条文があるがために、経営状況について国会で説明しなければならず、またその報告いかんでは、国会で問題にされる恐れもあった。協会は放送委員会に頭を押さえつけられると感じただろう。

この委員会は、第10条と第11条にしたがって、委員長を含め5名で構成され、「公共の利益に関して公正な判断をすることができ、且つ、広い経験と卓越した識見を有する年齢35年以上の者のうちから、両議院の同意を経て、内閣総理大臣がこれを任命する」ことになった。[49]

内閣総理大臣が放送委員を選ぶというところで、やっぱり政府の支配を受けるのかと思ってしまうが、その点はＧＨＱも懸念したのだろう。

第8条の第2項には「放送委員会は、独立してこの法律の規定に基く権限を行う」とある。ここはＧＨＱのこだわったところで、これなら放送委員会は総理大臣の意向に反した決定も下せる。

もう一つ重要なところは、衆参両院の同意を得なければならないということだ。これを得れば、放送委員は総理大臣にも、「私たちは国会の同意を得ているので」といえる。

アメリカの連邦通信委員会には及ばないが、政府からそれなりに独立した行政委員会だといえる。「独立してこの法律の規定に基く権限を行う」という条項に忠実な、気骨ある人物ならば、連綿と続いた放送に対する政府支配を断ち切ってくれるだろう。

ここでＧＨＱが放送法を占領中に日本に押し付けたことを私がどのように受け止めているのかについて述べておきたい。というのも『日本人はなぜ自虐的になったのか　占領とＷＧＩＰ』（新潮新書、２０２０年）でＧＨＱの占領政策を「改革」ではなく「改造」とし、その本質は「アメリカ化」だと、批判的評価をしているからだ。放送法制定による日本の放送制度改造についても、あとで詳しく述べるように、「改革」ではなく「改造」であり、「アメリカ化」だとみている。

しかしながら、日本国民の利益という点からいけば、放送の民主化、受信の自由化、受信料の廃止、電波監理委員会（アメリカのＦＣＣ、連邦通信委員会を模したもの）設立は、今日的な目からみても、評価に値する。とくに、戦前・戦中の政府支配から放送を解き放ち、放送を民主化したという点では、「改革」であったといわざるを得ない。

意図は「アメリカ化」であっても、日本国民に利益をもたらす「改造」なら「改革」であるといえるのではないか。是は是、非は非である。

受信自由制転換の可能性

次にもっとも注目される受信料規定を見よう。同じく1948年6月18日案では、次のように規定していた。

第39条　協会は、その提供する放送を受信することのできる受信設備を設置した者から、受信料を徴収することができる。但し、放送の受信を目的としない無線設備及び慈善、救護その他公共の目的に供する受信設備であって、別に放送委員会規則で定めるものは、この限りでない。

2．前項の受信料の額については、1年ごとに放送委員会の認可を受けなければならない。1年内にこれを変更しようとするときも同様とする。

(中略)

4．協会が、第1項の受信料の徴収方法その他受信者と締結する契約の條項につい

ては、あらかじめ放送委員会の認可を受けなければならない。これを変更しようとするときも同様とする。[50]

一読すると、この受信料規定は、受信者が協会に受信料を支払わなければならないと読める。だが、「受信料を徴収することができる」という表現は弱い。「徴収してもいいが、徴収しなくてもいい」とも読める。実は、ＧＨＱの意図としては、「払うことができる人、あるいは払う意思のある人から徴収する」だった。これは私の勝手な解釈ではない。

私は、この放送法に関わったファイスナーとヴィクター・ハウギー（ＧＨＱの民間通信局と民間情報教育局のスタッフ）に当時のことを数回にわたり聞き取りしたことがある。「払うことができる人、あるいは払う意思のある人から徴収する」方針だったというのは、彼らが私に証言したことだ。[51]

当時の日本は戦争によって荒廃していたので、住居を失った人々、生計の手段を失った人々、一家の稼ぎ頭を失った人々が多かった。疎開や引っ越しなどで、契約書にある設置場所からほかの場所へ移っている人々も数えきれないくらいいた。

協会は、ＧＨＱのプロパガンダを流しつつも、生活に必要な情報、引揚者についての情報、日本の現状についての情報、世界情勢についての情報なども提供していた。その意味では公共放送的な一面を持っていたし、ラジオは当時の日本人にとってなくてはならないものだった。

にもかかわらず、協会は、戦前の無線電信法に基づいて、受信許可制を取ろうとしていた。これは、受信機の設置許可を得ていない人々に受信を禁じるものだ。事実、１９４８年6月18日案のもととなった１９４８年2月20日案ではこのようになっていた。

第6条（目的外使用の禁止）
放送設備及び受信設備は、許可され又は登録した目的以外に使用してはならない。
（中略）
第38条（受信料）
協会は、協会によって提供された種類の放送を受信できる設備をした者から受信料を徴収することができる。[52]

この案では、まだ逓信省に受信登録し、受信目的をはっきりさせることになっていた。それが協会の放送を聴くことならば、協会は受信料を徴収できることになる。

これでは戦前と変わらない、つまり、放送と無線電信の国家管理だ。だが、ＧＨＱは日本の放送を民主化する一環として「受信の自由」を持ち込もうとしていた。お上に届け出をして許可を得なければ、民は受信できないという、戦前の受信許可制をやめて、戦後は自由に受信できる、受信自由制に抜本的に変えようということだ。[53]

その証拠に、１９４８年６月18日案の第６条（受信の自由）はこのように無線電信法に反して受信機設置許可なしに協会の放送を受信することを認めていた。

第６條　無線電信法（大正４年法律第26号）第２條の規定にかかわらず、何人も、自由に受信設備を設置し、放送を受信することができる。但し、日本放送協会の提供する放送を受信することのできる受信設備を設置した者は、第39條に定める受信料を支払わねばならない。[54]

ここで注目すべきは、この第６条で、「但し」のあとに「第39條に定める受信料を支払わねばならない」としていることだ。ところが、第39条で「協会は、……受信設備を設置した者から、受信料を徴収することができる」としており、前述のように、受信料をとってもいいし、とらなくてもいいとも取れる表現になっていてずれがある。

この食い違いにGHQと逓信官僚の争いのあとが見て取れる。つまり、GHQが受信料の支払いを義務化しないことにこだわり、第39条に注意を集中していたので、この条文ではGHQの意向が反映された。だが、逓信官僚は、第6条に、GHQが気づかないように「但し」以下の部分を潜り込ませたのではないだろうか。

寄付制というプラン

事実、村井修一電波庁法規課長は、この受信機設置届けと受信料支払い義務を結びつけた条項に対して、「そういう行政行為と私的契約をコンバインするのはいかがなものか」とファイスナーは反対したと証言している。[55] 私的契約とは受信者と協会との間の契約を指す。

ファイスナーは、受信機設置の届け出は、あくまで行政的なことであって、それを「私設無線電話施設者」である協会の契約と結びつけるのはおかしいといっている。これは正論である。

面白いことに、今日でも、なぜ受信契約締結義務ではなく、受信料支払い義務にしないのかという議論のときに、同じ論理がしばしば述べられている。つまり、協会に受信料を払うというのは、私的契約に基づいてなされることである。事実、現在でも受信料支払い義務は、協会の「日本放送協会放送受信規約」で規定されている。協会も受信契約が私法上のものだと認めている。

これに対して、受信機設置届けを出すことは、純粋に行政的手続きである。私的受信契約とは関係ない。だから、ファイスナーは、戦前の「放送用私設無線電話規則」のように、この二つを絡めて受信料を強制的にとろうというのは新憲法のもとでは違法だと主張したのである。公法である放送法が契約の自由を認めている憲法に抵触することになる。

このような法理以前に、そもそもGHQの情報将校は、みな受信料を強制的にとることに反対だった。それは非民主的なことであり、放送の民主化と自由化に反するのだ。これは私がファイスナー、ハウギー、フランク馬場（GHQ民間情報教育局スタッフ）に行った聞き取り調査でもはっきりしている。そもそも、彼らはそのような考え方はしないのだ。

私が行った聞き取り調査をもとに少し詳しく説明しよう。ファイスナーはよく「公共放送は有料放送ではない。料金をとるならそこに受信の自由はなく、もはや民衆に開かれた放送とはいえない」といっていた。

アメリカといえば広告を流す商業放送ばかりだと思うかもしれないが、実は公共放送も無数にある。アメリカで自動車に乗ってカーラジオを聴いていると広告を流さない放送局が結構あることに気づくだろう。

私などはアメリカを訪れた際、いつもレンタカーを走らせながら、こういった公共放送の音楽番組を聴く。これらは主に慈善団体や宗教団体や教育団体が運営している。大学が放送局を持っていることも珍しくない。アメリカは、実は公共放送大国なのだ。

これらの公共放送の運営費は基金や寄付だ。強制的に受信料をとったりはしない。むしろ、お金をとるようなものは公共放送とはいえない。お金が払える人しか利用できないのでは、もはや受信の自由はないからだ。ファイスナーやハウギーはよく私に言っていた。

「公共放送とは聴取者の善意（寄付）で支えられるものだ」

彼らは、例えとしてメトロポリタン美術館やスミソニアン博物館を挙げた。これらの施設は決まった入場料を取らない。払いたいと思った人が善意を寄付箱に入れる。もっと積極的に支援したい人はスポンサーになる。そうして支えられるからこそ「公共財」なのだ（現在はメトロポリタン美術館は有料）。

協会の放送がいいと思ったら、聴取者は強制されなくとも自ら進んで払うだろう。放送が悪かったりして協会にお金など払いたくないと思ったら、払わなくていい。なにが問題なのか。これがGHQの基本的な考え方だった。

協会は受信料強制徴収を主張

日本の通信官僚や協会の考え方は違っていた。彼らからすればこうである。

「強制すれば取れるのだから取りたい。これまで通りの規模の組織をこれまで通り維持するために必要なのだから。これまでもそうしてきた。それで何が悪いのか」

つまり、協会組織を当時の規模で維持するためには莫大な受信料が必要だという発想である。事実、当時の網島毅電波監理長官も、国会で次のように受信契約を強制しなければならない理由を述べている。

今後民間放送が出て参りましたときに、放送協会の事業を継続する。しかもこの放送協会がもうかるともうからないとにかかわらず、全国的に電波を出さなければならないという使命を負わされた放送協会といたしまして、この聴取料の徴収ができない場合には、協会の事業は成立って行かないことは明らかでありまして、従ってぜひともこういう聴取料を強制的に徴収するということが必要になって参るのであります。（中略）無料の放送ができて来るということになると、日本放送協会がここに何らか法律的な根拠がなければ、その聴取料の徴収を継続して行くということが、おそらく不可能になるだろうということは予想されるのでありまして、ここに先ほどお話いたしましたように、強制的に国民と日本放送協会の間に、聴取契約を結ばなければならないという條項が必要になって来る。[56]

つまり、協会は「全国的に電波を出すという使命」を負わされており、聴取料、すなわち現在の受信料を徴収することが必要なので、「強制的に国民と日本放送協会の間に、聴取契約を結ばなければならないという條項が必要」になったのだ。この網島の論理はあくまで当時の体制の協会の利益を守るためだけに組み立てられたものといえる。

協会と通信官僚は、軍国主義時代に日本本土および植民地と占領地に広がったネットワークのうち、日本本土のものは維持したいと思っていた。アメリカの公共放送がネットワーク化されていない単一ないしは複数局であるのに対し、協会は県単位の直営局を持ったネットワークだった。だから、維持費と運営費がかかる。それを受信者から受信料という形で取ろうと彼らは考えた。

ファイスナーなどは、「はじめに全国ネットワークありき」ではなく、「単一の地方局ありき」であり、それは地域の聴取者の善意によって支えられるサイズになるべきだと考えた。彼らが考えたのは、協会の地方局は、まず、経営も運営も別々の地域密着型の独立の放送局になり、寄付によって経営できるサイズになるべきだということだ。

彼らがそう考えるのは公共放送ばかりでなく、アメリカの商業ネットワーク放送がそうなっていたからだ。アメリカの放送局は独立のローカル局が基本である。NBCにしてもCBSにしても、直営局はほとんど持たず、これらの独立の放送局と系列契約を結び、制作した番組を共通使用することで全国放送している。

日本でも、日テレ、TBS、テレ朝、フジなどの民放ネットワークがこの形態をとっている。つまり、キー局といわれる在京の放送局が系列局と呼ばれる独立経営の地方局とネットワーク契約を結んで全国放送（といっても全都道府県ではない）するのだ。ファイスナーが考えた協会の未来図もこのようなものだった。最初に日本放送協会ありき、だった日本人は、全国ネットワークが基本として存在しているのが当たり前だと思っているかもしれないが、世界的にみれば、そんなことはまったくない。

したがって、ファイスナーは、全国ネットワークありきで、それを維持するために受信料を強制的にとるという逓信官僚および協会の考え方に猛反発した。それは、非民主的であり、専制主義的であり、エゴイズムだからだ。公共放送はあくまで、税金のように徴収される受信料ではなく、地域の聴取者の自発的寄付によって運営されるべきであり、それが民主主義、自由主義というものだ。

そこで協会は、受信料をとる口実として「あまねく全国に」と言い始めた。この両者のせめぎ合いは放送法の草案にも痕跡を残している。

1948年6月18日案では、協会の目的は次のようになっていた。

第24条　日本放送協会は、放送を公共の利益と必要のために行うことを目的とする。

そして、次の条項で、このように規定していた。

第25条　協会は、前条の目的を達成するため、左に掲げる業務を行う。

1．全国的、地域的及び地方的放送設備を設置し、維持し、及び運用すること。[57]

つまり、協会の目的はあくまで「公共の利益と必要のために行うこと」であって、そのために可能なら、「全国的、地域的及び地方的放送設備を設置し、維持し、及び運用」したいといっている。

実態としては、当時は戦争で通信設備も被害を受けていて、これは可能ではなかった。ＧＨＱの民間通信局は、占領軍のプロパガンダを流させるためにＮＨＫの各地方局に録音済みのレコードをもっていかなければならなかった。

これに対して、１９４９年10月12日に閣議決定された案では、次のように変わる。

第7条　日本放送協会は、公共の福祉のために、あまねく日本全国において受信で

きるように放送を行うことを目的とする。[58]

このあと「全国的及び地方的放送を行うため、放送局を設置し、維持し、及び運用すること」と続いている。つまり、全国ネットワークありきで、放送が全国で受信できるようにするということが前面に押し出された。そのためには全国的な設備が必要なので、その整備費と維持費を受信料に転嫁するという論理だ。

事実、これ以降、協会は既存の全国的放送網を修理、整備したのち、拡大し、以前には電波が受信できなかった山間部や離島にまで電波のリレー網を広げていく。

GHQは全国的放送網維持のために受信料を強制徴収することには反対だった。そのような放送網が必要ならば国費を投入して整備し、その維持には税金が使われるべきだ。それは民放も使える公共財となるからだ。

協会のネットワークは私財

ファイスナーは放送法のもととなったファイスナー・メモ（1947年10月16日付）に次のように記している。

（放送の）きわめて重要な財政の問題についていえば、SCAP（引用者注・連合国軍最高司令官総司令部）は政府財源から原資を、受信料という方法から運営資金を得ることには反対ではない。公共放送と民放の競争があるので、この公共機関は条文によってラジオ受信機のすべての所有者から受信料をとる権利を与えられるべきである。基本法は当分のあいだは実施されるべきである。もし基本法全体の枠組みが廃止されるなら、その失効のときにこの法律が自動的に議論や再検討の的とされ、そのあとで廃止すべきかどうか決定されるように改定規約を設けておくべきである。[59]

つまり、放送設備や放送網の整備には政府財源から原資をつぎ込み、それを使って放送し、運営していく「公共機関」が受信料で運営資金を得ることは反対しない。しかし、それも当分であって、この法律の枠組みが変わったときは廃止すべきで、そのことを改定規約に設けておくべきだといっている。

また、一読すると、あたかも協会が受信料を得ることにお墨付きを与えているような印象を持つかもしれないが、ここでいう「公共機関」とは、日本放送協会のことではない。公共放送と民放を統括する放送委員会、のちの電波監理委員会のことである。ファイスナーは政府から独立したこの機関が、イギリスのように、郵便局で徴収される受信料を受け取り、それを自らの運営費と公共放送・民放への交付金に充てることを想定している。

ところが、協会は税金のように強制徴収した料金で、放送局を運営し、放送するだけでなく、自らの設備、つまり私設された設備である放送網を整備し、維持しようとしている。しかも、その放送網を民放と共同利用するならまだしも、民放には一切利用させるつもりはなかった。これでは、このネットワークは公共財とはいえない。

経済学においても、料金をとるものは公共財ではなく、私財だ。無料の放送なら公共財だが、協会は有料放送になるので私財だ。

もし協会が受信料を取っていいというなら民放も取っていいはずだ。民放も高額の放送設備を作り、テレビカメラや送出機を買っているからだ。事実、GHQも、税金のようなものならば、協会だけでなく民放にも分配すべきだと考えていた。

協会の研究員である村上聖一（NHK放送文化研究所メディア研究部副部長）ですら、2014年の論文の中で当時について「『受信料』という言葉が必ずしも日本放送協会の財源のみに関連づけられていたわけではなかった」と書いている。要するに受信料は、協会だけの財源というわけではなく、民放とも分け合うものとされていたということだ。[60]

また、受信料の一部を規制・監督機関である放送委員会（のちの電波監理委員会）に分配するというGHQの考えもあった。前に見たファイスナー・メモがそれをあらわしている。この放送委員会を通じて、民放にも分け与えるということもあり得た。だが、協会はこれも退けた。あくまで独占しようというのだ。

しかし、序章でも述べたが、イギリスは、GHQと同じ考え方を実践している。つまり、政府が郵便局で徴収した許可料は、監督機関の運営費や民放の交付金にも分配されている。公的料金なのだから、特殊法人とはいえ民間機関であるBBCが独占するのはおかしいのだ。

協会は強制徴収に固執した

協会は受信料を独占する理由として、財政難を主張した。たしかに、戦争被害によって受信世帯が激減していたのは事実である。1944年の協会の契約世帯は747万世帯だった。それが1年後には573万世帯に激減している。協会と、それと一体化している逓信官僚が危機感を持っていたのは理解できる。

ところが、資産状況を見ると1945年度末では固定資産が389万円、流動資産が159万円となっており、それから負債と出資金を差し引くと、過去20年間の営業活動により318万円の利益金を稼いだことになる。[61]つまり、利益金があり、財政的にはそれほどひっ迫していなかったということだ。

「利益金」について説明しよう。協会は特殊法人なので、放送をするために必要な費用のみ聴取料として徴収し、「利益」を出さないことになっていた（現在でもそうなっている）。したがって、協会の収支は常にプラス・マイナスゼロになっていなければならず、もしプラスになるなら聴取料を値下げしなければならなかったのだが、そうしていなかったのだ。

普通の法人ならば、このような「利益金」は株主に配当金として還元しなければならないが、協会は特殊法人なので、その必要はなかった。結果、「利益金」が蓄えられることになったのだ。

強制的に徴収するのではなく、徴収できるだけの受信料で、それに見合った規模で協会がなんとかやっていこうと考えるならば、できただろう。ＧＨＱは協会にそうすることを求めていた。だが、協会および逓信官僚はそうしたくなかった。「利益金」を温存したまま、受信料を強制徴収することによって規模の維持と拡大を図りたかったのだ。やはり、協会はどこまでもエゴイスティックだ。

みなし契約という欺瞞

放送法の１９４９年3月1日案が占領軍の民間通信局に提出されたとき、ＧＨＱと逓信官僚・協会の対立が再燃した。その焦点は、独立行政委員会である放送委員会の位置づけと権限、そして受信料だった。逓信官僚・協会は独立行政委員会という発想そのものに反対だった。だから、「放送委員会は、独立してこの法律の規定に基く権限を行う」とした第８条の第2項の削除を求めた。だが、ＧＨＱは当然許さなかったので、そのまま残ることになった。

この争いの痕跡は「放送法案修正事項案」（参議院通信委員会資料）に残ることになった。この修正事項案の６で「第８條の『独立して』は修正の必要はないものと思われる」とあるが、これは政府案では「修正・削除」されていたものをＧＨＱの圧力によって法制局が「修正の必要なし」と覆したことを示している。[62]
GHQは受信料規定でも修正を勝ち取った。放送法の1948年6月18日案は、第6条に「但し、日本放送協会の提供する放送を受信することのできる受信設備を設置した者は、第39條に定める受信料を支払わねばならない」とあったが、これは1949年3月1日案からは完全に削除された。そして、本来の受信料規定である第38条も次のように改められた。

（受信契約及び受信料）
第38條　協会の放送を受信することのできる受信設備を設置した者は、協会とその放送の受信についての契約を締結したものとみなす。但し、放送の受信を目的としない受信設備及び慈善、救護その他公共の目的に供する受信設備であって、別に放送委員会規則で定めるものを設置した者についてはこの限りでない。
2．協会は前項の契約に基いて徴収する受信料の額について放送委員会規則の定めるところにより毎年放送委員会の認可を受けなければならない。1年内にこれを変更しようとするときも同様とする。

３．放送委員会は、前項の認可を行う場合においては、第５章に定める審理手続を経なければならない。

４．協会は、第２項に規定するものの外、第１項の規定による契約の條項については、あらかじめ放送委員会の認可を受けなければならない。これを変更しようとするときも同様とする。[63]

注目すべきは第38条の「協会の放送を受信することのできる受信設備を設置した者は、協会とその放送の受信についての契約を締結したものとみなす」という部分だ。つまり、受信設備を所有していても届け出をする必要はなく、自由にラジオ放送を受信できるが、その一方で受信設備を持っていたら協会と受信契約を結んでいるものとみなすとした。

これ以前では、設置願いを出すという段階を経て、協会と契約するという段階に進んでいた。だが、受信自由制をとることによって設置願いを出すという手続きはなくなった。みなし契約は、この手続きがなくなっても、受信機を持っていれば受信契約を結んでいるものとみなすことによって、受信機を持っていることイコール受信料支払い義務を負っていることにしたのだ。協会らしい強引さだ。

当然ながらGHQはこの「みなし契約」にも反対した。契約の意思があろうとなかろうと契約したことにするというのはけしからんというのだ。当時の放送法制定に関わった荘宏も、まるでファイスナーが乗り移ったかのように、のちに『放送制度論のために』のなかで振り返って、こう述べている。

契約をするかしないかの個人の自由を完全に抹殺する規定を法律で書き得るかについては大きな疑問がある。

さらにこのような法律がかりに制定しうるものとしても、この制度の下においては、名は契約であっても、受信者は単に金をとられるという受身の状態に立たされ、自由な契約によって、金も払うがサービスについても注文をつけるという心理状態からは遠く離れ、NHKとしても完全な特権的・徴税的な心理になり勝ちである。[64]

1949年6月1日をもって逓信省は電気通信省に変わった。受信料を巡るGHQと通信官僚たちとの駆け引きはまだ終わっていなかった。

第4章　吉田総理のあくなき抵抗

占領軍は戦前・戦中に政府が協会を支配し、国民にプロパガンダを行ったことを重く見て、占領中徹底して協会と政府を分離しようとした。そのための防壁が、連邦通信委員会をモデルとした電波監理委員会であった。だが、吉田茂は戦前・戦中の協会支配を戦後も継続させるため占領軍に抗った。

放送委員会が電波監理委員会に

ＧＨＱとしては、放送法を修正するにあたり、抱いている懸念を少しでも払拭しておきたかった。懸念とは戦前回帰であり、放送局（協会）と政府との一体化、癒着である。そのため、ここまでに見た法律の文案だけではなく、放送委員会の名称も変えることにした。官僚たちによって骨抜きにされた放送委員会ではない、新しい組織だということた。

を示さねばならなかった。この新組織は「電波監理委員会」と名付けられることになった。

これに合わせて、1949年3月1日案まではあった「放送委員会」についての条文は同年10月12日案からは消えている。[65]それは「電波監理委員会」と名称を変え、放送法からは独立した「電波監理委員会設置法」となった。この後、通信官僚・協会は吉田茂総理を動かして、電波監理委員会から独立性を奪い、受信料を強制徴収にするために巻き返しに出る。

1949年9月2日に作られた「電波監理委員会設置法」の電波庁案の第5条2項は「委員長は、国務大臣をもって充てる」となった。しかも、「委員会の議決に対して内閣が再議を命ずることができる」ともなっていた。[66]

これを読んでGHQ、とくにファイスナーは烈火のごとく怒った。なんのために自分たちは放送法を作らせたのか。それは、政府と協会の癒着をなくし、放送を民主化し、二度と戦前・戦中の過ちを繰り返させないためではないか。そのために、政府と協会を切り離す仕組みとして独立行政委員会を導入させようとしてきた。だから、以前の放送法の議論において、逓信官僚・協会が「放送委員会は、独立してこの法律の規定に基く権限を行う」という条文を葬り去ろうとしても、これを許さなかった。

それなのに、「電波監理委員長」を国務大臣にし、「委員会の議決に対して内閣が再議を命ずることができる」としたのでは、これまで積み重ねてきたものがすべて崩れ去ってしまう。これを許すわけにいかない。とくに強い反応を示したのは、民間通信局ではなく民政局だった。

民政局は軍閥打倒、財閥解体、旧体制指導者追放を実行したセクションで、GHQのなかでも民主党支持で急進的左派が多かった。民間通信局のメンバーは、おおむね共和党支持の保守的思想の持主だった。

日本の軍国主義に対峙姿勢をとってきたのは、対日強硬派の大統領ルーズヴェルトを選出した民主党だ。だから、軍国主義回帰につながる吉田の動きに民政局が反応したのだろう。

1949年の時点でGHQが放送法の制定に取り掛かってから2年経っていたが、日本の無線電信法とGHQが放送法の手本としていたアメリカの通信法では、考え方の隔たりが大きく、なかなかうまく接ぎ木できず時間ばかりかかっていた。だから、吉田はもう一度ひっくり返して、最初からやり直させれば、GHQがあきらめると考えたのかもしれない。その腹黒さがＧＨＱの関係者を怒らせたのだろう。
吉田の思惑に反して、ＧＨＱは、占領終結が近かろうが遠かろうが、協会が再び軍国主義・国策放送にならない保証を得るまでは、一歩も退く気はなかった。

民政局次長リゾーの主張

吉田はＧＨＱの民政局に増田甲子七官房長官を遣わして自分の言い分を伝えようとした。１９４９年10月28日増田とフランク・リゾー民政局次長との会談が持たれた。席上リゾーは次のようにいった（傍線引用者）。

１　この法案に関する民政局の関心は、委員会（引用者注・電波監理委員会）の性格に関する部分であり、また同委員会と日本政府の他の部門との関係にある。法案中には、委員会の決定を内閣の決定に完全に従属させる条項がある。このことは、一般広報の重要な手段を、政権をもつ主要な政治権力の支配下におくという事態を招来するであろう。

２　委員会は単に行政機関たるにとどまらない。準立法的、準司法的権能をもつ。

即ち、法律及び政令の施行のために規則を作成するとともに、聴聞を開催し、調査を実施し、裁決を行う。現在は、放送機関は日本放送協会にかぎられているが、民間団体が放送を許可された暁には、衡平の問題が発生し、委員会は中立、公平、超党派的な立場において、その決定を下すことになろう。これらの重要にして強力な権能をあわせもつことにより、委員会はできるかぎり独立のものとし、裁判所の再審理をうけるものとすべきである。換言すれば、委員会は行政府の直接統制をうけず、独立の機関として行動する場合に、その任務を最上に履行することができるのである。

3　さらに具体的には、法案中の次の条項、即ち、第19条によれば、委員会の決定は内閣の再審理をうけることとなり、内閣は委員会の意見を逆転することが可能となる点を指摘したい。このことは、内閣の決定が最終となり、司法的決定権を委員会は完全に失うこととなる。このようなしくみが有効となるなら、放送業務の超党派的施行の原則は保障されないであろう。これは統治理論ではなく、民間情報教育局と法務局の両者が強く主張する問題である。[67]

リゾーが1で問題にしているのは、9月2日案で「委員長は、国務大臣をもって充てる」となっていた点だ。これがあったのでは電波監理委員会は政府から独立した行政委員会とはならない。

2では、この委員会は協会だけでなく、これからできる民放にも電波監理を行うのだから、中立、公平、超党派的でなければならないということを述べている。国務大臣の下の委員会になってしまったら、当然政権寄り、協会寄りになってしまうからだ。

3では第19条に「内閣は、内閣総理大臣の請求があったときは、電波監理委員会の議決を審議し、内閣法の規定に従い必要な措置をとることができる」とあるが、これでは最終決定権は委員会ではなく、政府にあることになってしまい、独立性が失われると指摘している。

これに対して、政府から独立した電波監理委員会を認めたくないという吉田の意向を受けた増田は論駁したという。

増田氏は行政責任の問題をとりあげ、憲法の条項の彼の理解によると、内閣は行政を担当し、政府の遂行するすべての行政に関しては、国会に対し、ひいては国民に対し、内閣がその責任を負うものであることを説明した。行政上の不当行為に関し、説

明を要求されるのは内閣であり、その不当性の程度と範囲に応じて、内閣は連帯責任を負うものであるから、総辞職をしなければならない。本委員会の委員は、それに反し、収賄とか、精神的に任務遂行能力を欠くことが判明しないかぎり、譴責をうけたり解任されることはない。行政上の行為にも懲戒ないし司法上の行動を適用されないものがあるが、内閣はそれに対し責任を問われるであろう。

しかしながら、委員会の決定が不当であり、または公共の利益に反する場合、内閣が、委員会に対し、要求ないし要請する程度の権限ももたないならば、内閣の責任はじゅうぶんに遂行できないのである。この法案の条項は相互チェックのしくみをつくり出し、民主的統治手続と相反することのない均衡を確保するものである。[68]

増田の主張は、要するに内閣は行政全般に責任を負うのだから、電波監理委員会の放送行政にも責任を負う、したがって、委員長は国務大臣でなければならないし、委員会の決定に対して拒否権も持たなければならないということだ。増田が吉田を代弁していることは明らかだ。

リゾーと吉田の考え方の違いは、放送に関する日米の考え方の違いを反映している。

リゾーの考え方は、ファイスナーやほかの情報将校と同じく、放送とは公衆のためのものだというものだ。

これは、アメリカでは、ラジオ放送業者が我先に、とくに大都市で放送を始め、その結果混線してラジオが聴けなくなったので、国が規制に乗り出してルールを作り、連邦ラジオ委員会や連邦通信委員会を設置したという歴史があるからだ。つまり、電波はみんなのもので、誰でも自由に放送を始めていいのだが、電波が有限なので、通信法のもとに連邦通信委員会を作り、最小限の規制をかけるという考え方だ。

そもそも、アメリカでは政府が放送に責任を持つという考え方はしない。まして、放送機関は言論機関でもある。政府が放送をコントロールするということは、言論機関を政府がコントロールするということだ。これは言論の自由に反する。

対して、吉田の考え方は、放送を民に任せるなどとんでもないということだ。戦前・戦中を振り返っても電波は国のものであり、放送も国のために使われていた。だから、政府は放送をコントロールしなければならず、したがって責任も負わなければならない。放送局が言論機関だということは、吉田の頭にはないのだろう。仮に頭をかすめたとしても政府がコントロールしなければならないと譲らないだろう。

放送の歴史が違うほかに、政治思想も根本的に違うのでかみ合わない。できるだけ日本に対して永続的影響を残そうとするGHQと、早くその干渉を排除したいという吉田の思惑がまったく違っているのでなおさらだ。

このリゾー・増田会談のあとの１９４９年11月14日、今度は民間通信局と民間情報教育局が、念を押すため、次のような「要望書」を電気通信省に送り付けてきた。民政局だけでなく、放送法に関わるGHQのあらゆる部局が吉田に反対しているということを示すためだろう。

11月14日総司令部民間通信部（ママ）（引用者注・正しくは通信局）より電気通信省に要望された事項

１９４９年11月14日

1、CCS（民間通信局）は、電気通信省が電波法等を起案せられたことは、極めて立派な仕事をなされたものであるということを再び強調し、貴下らの仕事に対して祝意を申し上げる。民間情報教育部（ママ）のブラウン氏も同部に代り私の右陳述に加わりたいという希望を表明されております。

2、しかしながら、総司令部内における論議にかんがみ、又、最高政策上の理由から民間通信部及び民間情報教育部は、法案に対し次の修正を加えることを強く要請する。

a電波監理委員会設置法案（1949年10月15日）

（1）第5条第2項を削る。

（2）第19条第2項及び第3項を削り、同條第1項を左の趣旨に改める。

内閣は、内閣総理大臣の請求があったときは、電波監理委員会の議決を審議し、電波監理委員会に対しその議決を再議することを求めることができる。電波監理委員会がその議決を再議した後においては、内閣総理大臣又は内閣は、更にこれを審議し又は再議することができない。

b放送法案（1949年10月10日）

（1）第37條第3項を削り、左の通りとする。

内閣が前項の収支予算、事業計画及び資金計画を変更することを勧告したときは、国会の当該委員会は、日本放送協会の意見を徴することができる。

（2）第37條第2項を左の通り改める。

電波監理委員会が前項の収支予算、事業計画及び資金計画を受理したときは、これを検討して意見を附し、内閣を経て国会に提出し、その承認を受けなければならない。

（3）第37條に第4項を左の通り加える。

受信料の額は、国会が前項の収支予算、事業計画及び資金計画を審議する際に定める。

（4）第32條第2項を削る。[69]

この「要望書」はリゾー発言の明確化であり確認だといえる。リゾー発言と違うところは、放送法にも「要望」を出しているところだ。簡単にいえば、電波監理委員会の協会に対する権限を強化しているといえる。つまり、政府から独立した電波監理委員会を設立したうえで、委員会に協会をがんじがらめに縛らせようということだ。当然、吉田の背後にいるのは通信官僚と協会だということを見抜いている。だから、再び政府になびくことがないよう、すり寄ることがないよう、電波監理委員会に強大な権限をもたせようと考えたのだ。そして、協会の収支、予算、事業計画及び資金計画を、政府任せではなく、国会に審議させ、承認させることにした。

マッカーサー書簡

吉田が抵抗をやめなかったのか、あるいはやめていてもダメ押しのつもりなのか、ファイスナーは、吉田に「マッカーサー書簡」を送ることにした。書簡の文面は彼が書いたもので、マッカーサーに見せて署名をもらったのち、吉田に送ったものだ。このことは、ファイスナーへの聞き取り調査からわかった。

私が「マッカーサーは自ら書簡を書くような人ではなかったが、あの『マッカーサー書簡』は誰が書いたのか」と尋ねると、彼は「あれは吉田をわれわれの意向にしたがわせるために、私が書き、マッカーサーに見せて、承認してもらった」と答えている。

この書簡を要約すると、次のようになる。

政府が出した案はGHQの唱える「委員会は、いかなる党派的勢力、その他の機関による直接的統制または影響を受けないものとしなければならぬ」という原則に反し、「まことに、国務大臣が委員長たるべきこと、内閣が委員会の決定を逆転できる権限をもつとすることは独立の原則を完全に否定し、委員会を内閣の単なる諮問機関とすることに外ならない」のでこれを修正すべきだとGHQは強く勧告する。[70]

GHQは同じことを少なくとも三度繰り返したことになるが、彼らとしては、どうしても譲れなかったことがわかる。占領がまだ終わっていない以上、吉田としてはこれに逆らうことはできなかった。

放送法制史上最大の汚点・受信料規定

電波監理委員会の独立性のほうに気がとられてしまったが、受信料のほうはどうなっていたのだろう。実は、放送法の1949年10月12日案には、受信契約義務と受信料支払い義務が結びつかない、あの問題の条文が入っていた。筆者は、これこそが放送法制史上最大の汚点だと考えている。

第32条

協会の標準放送を受信することのできる受信設備を設置した者は、協会とその放送の受信についての契約をしなければならない。但し、放送の受信を目的としない受信

設備を設置した者については、この限りでない。

（中略）

4．協会は、第1項の契約の條項については、あらかじめ電波監理委員会の認可を受けなければならない。これを変更しようとするときも同様とする。[71]

一見して、「契約を締結したものとみなす」に比べて「契約をしなければならない」の方が、強制力が強くなったように感じるが、実際はそうではない。「契約を締結したものとみなす」は契約するという行為があろうとなかろうと「契約した」ことになるが、「契約をしなければならない」の方は、契約がその時点ではないということ、したがってこれから契約という行動を起さなければならないことを意味する。もっと重要なことは、契約義務まではGHQも譲歩したが、受信料支払い義務までは譲歩しなかったということだ。

契約義務が受信料支払い義務に結びつくかどうかは、契約条項について認可権をもつ電波監理委員会の判断にかかっている。GHQにとっては、この認可権を政府から独立した行政委員会が握っていることが重要なのだ。

加えて、「契約をしなければならない」によって、義務化されてはいるが、それを怠っても原則として罰則はない訓示規定だ。つまり、みなし契約より契約義務の方が強制度は低いといえる。事実、契約義務は放送法の中にうたわれてはいるが、厳密に守られてはいない。

協会が受信料の支払いを強制するためには、不払い者が受信していることを証明したうえで、契約させ、その契約に基づいて支払いを求める民事訴訟を起こさなければならない。これは現在も同じである。ただし、２０２２年6月10日の放送法改正でＮＨＫは受信料不払い者に対して罰則として割増金を取れることになっている。[72]

みなし契約ならば、契約が存在していることになるので、民事裁判を起こす必要はなく、ただ取り立てればいいだけのことだ。さらに、ＧＨＱは協会に対して強烈な嫌がらせを考えた。協会の経営・財政を国民の前にさらけ出すことだ。

ＧＨＱは１９４９年10月12日案の第32条第2項とされていた「協会が前項本文の規定により契約を締結した者から徴収する受信料は、月額35円とする」を削除したうえで、第37条第4項として「第32條第1項本文の規定により契約を締結した者から徴収する受信料の月額は、国会が、第1項の収支予算を承認することによって、定める」と加えさせた。[73] 協会の受信料は、国会に収支予算を報告し、審議ののち妥当と考えられる金額に定められることになったのだ。協会は、国会でその財政・経営状況をチェックしたうえで、申し出た受信料額が適当かどうか議論するという考えにぞっとしたことだろう。その事務作業の量を考えてまたうんざりしたことだろう。

かつて私はファイスナーに、なぜ受信料に関することを国会で決めることにしたのかと尋ねたことがある。それに対しての答えは次のようなものだった。

「私は彼ら（通信官僚と協会）に『これ（受信料）は税金だ。税金ならば国会で決めなくてはならない』といった。彼らは困った顔をしたが、困らせることが私の意図だった」[74]

つまり、受信料強制徴収を無理押ししてくる協会に対する精いっぱいの仕返しだったのだ。ところが族議員が協会と官僚に籠絡されてしまっている今日では、この国会審議は協会受信料に国民の立場から厳しいチェックを入れる場なのに、逆にお墨付きを与える場だと思われてしまっている。族議員はそう勘違いしているし、協会もそのように宣伝している。

ＧＨＱは受信料強制徴収を認めなかった

最大の、そして今日に至るまでの問題は残されたままだった。つまり、協会の希望通り、契約義務は明文化されたが、支払い義務は明確化されずに残ったということだ。あくまでも支払い義務は、放送法によってではなく、受信者が協会と契約したのち「日本放送協会放送受信規約」によって、そして、電波監理委員会がその契約の条項を認可することによって生じるのだ。

これによって、電波監理委員会が認可の際に、協会に以下のような要望を出し、それが反映されて、このように決定する可能性が出てくる。

1. 受信料は無料とする。
2. 受信料の支払いは任意とする。
3. 受信者は任意の金額を支払う。

繰り返しになるが、この条文は受信料の強制徴収を認めていない。もし、認めているのなら、ストレートに、そして最初はそうなっていたように、「協会の標準放送を受信することのできる受信設備を設置した者は受信料を支払わねばならない」としたはずだ。

そうなっていないということは、ＧＨＱの「受信料の強制徴収はさせない」という意思が貫かれたことになる。契約義務を盛り込んだことは一見通信官僚と協会側の勝利のように見えるが、結局「受信料の強制徴収はできない」という根本を変えることはできなかった。もともと、契約を法によって義務づけること自体、契約の自由に反するのだから、理はＧＨＱの側にある。

こうして受信料規定を含む放送法は、１９５０年5月2日に公布され、6月1日から施行された。のちの１９６４年に、臨時放送関係法制調査会は、この受信料を「ＮＨＫに徴収権が認められたところの、その維持運営のための『受信料』という名の特殊な負担金」とわけのわからない定義づけをせざるを得なくなった。[75]「特殊な負担金」という表現は、そのヌエ的性格をよく表している。

さて、受信料では一定の譲歩を示したファイスナーだが、彼は別の方法でも協会の弱体化を画策していた。それは、協会にテレビなどニューメディアへの進出を禁止することだ。１９４７年のファイスナー・メモでは次のようになっていた。

この公共放送機関はＦＭ、テレビ、ファクシミリ放送を行ってはならない。それらは最初から民間企業のイニシアティヴにまかせるが、法規制、つまりこの機関の管理部局の規制を受けるだろう。[76]

「この公共放送機関」が協会を指していることは明らかだろう。当時は協会のほかに「放送機関」はないからだ。つまり、ファイスナーは、協会にニューメディアへの進出を禁じることで、いくら協会がラジオ受信料で潤っても、テレビの時代になればそれが先細りになるようにと考えたのだ。これはかなりの深慮遠謀である。

放送法は成立しつつあるが、そこに定められた民放はまだ存在していないし、テレビもいつ導入できるのかわからない。したがって、ニューメディア（テレビなど）を民放だけに許し、協会を締め出せば、やがて、民放が隆盛を迎え、協会は衰退するだろう。実際、当時のアメリカではテレビが戦後経済の起爆剤の役割を発揮していた。テレビの時代になれば、協会の放送独占体制は崩壊し、日本はアメリカのような民放王国になるだろう。そうファイスナーは考えた。

第5章　電波監理委員会の廃止

ＧＨＱによる放送の自由化と民主化の要は、政府支配から放送を切り離す電波監理委員会にあった。ところが、その電波監理委員会が廃止され、代わって郵政省（のちに総務省）が放送を統制することで、政府支配が強まってしまった。受信料は政府が協会に圧力を加えるツールとなった。

ＧＨＱは民放設立を支援

電波監理委員会は電波三法が施行された1950年6月1日に発足した。電波三法とは、電波法、放送法、電波監理委員会設置法の三つから成る。電波監理委員会は電波監理委員会設置法に基づいた存在である。メンバーは富安謙次を委員長とし、委員は網島毅、上村伸一、岡咲恕一、坂本直道、瀬川昌邦、抜山平一という顔ぶれで、通信官僚のほかに、外交官や大学教授などが入っていた。これは放送法の作成過程で通信官僚が大嫌いになったファイスナーの意向にそったものといえる。[77]

委員会の主たる仕事は、民放開設希望者にヒアリング（聴聞）を行い、事業計画をチェックし、適当と判断したら電波の免許を交付することだ。

GHQ民間情報教育局のフランク馬場は、日本全国を行脚して、地元の有力者や企業に民放局を開設してみないかと声をかけて回った。折角、放送法を定め、協会・民放並立体制を作ったのに、民放局開設の免許申請者がいないと困るからだ。

まだ十分に経済が復興していないなかで、一個人、一企業では申請しにくいので、複数の個人、企業で共同申請するように働きかけた。[78]その甲斐あって、1950年以降72局の申請があり、このうち16局に放送仮免許が交付され、民放局、とくにローカル放送局が次々と誕生した。この功績ゆえに、馬場は「民放の父」と呼ばれることがある。

さらに、民間情報教育局員ヴィクター・ハウギーは、アメリカ大使館に旧満州の芸能人たちを集めてラジオ番組作りをした。設立間もない民放局では番組作りに苦労することは目に見えているので、彼らをコンテンツ制作の面でバックアップしようという趣旨だった。

ハウギーが筆者に明かしたことだが、彼は日本を去ったあとこの経験を活かしてアメリカ情報局（USIA）に入り、キューバでも同じように親米放送のコンテンツ作りをした。[79]このように、アメリカは被占領国だけでなく、重要対象国で、ラジオやテレビによる親米化プロパガンダを行っていた。

森繁久彌、フランキー堺、中村メイコなど、のちに戦後の芸能界の大物になるタレントたちは、こうしたアメリカの情報政策のもとにスターダムにのし上がっていった。[80]

ファイスナーも積極的に動いていた。彼は免許交付のためのヒアリングをどのようにするのかを教えるために電波監理委員会のアメリカ視察旅行をアレンジした。視察団は1951年4月ワシントンDCの連邦通信委員会を訪問したのち、フィラデルフィア、ニューヨーク、シカゴ、デンヴァー、ロサンゼルス、サンフランシスコなどを回って現地の放送局の実際を学んだ。この視察団の随行記者に彼が指名したのが正力松太郎の私設秘書の柴田秀利だった。[81]柴田は、正力とカール・ムント上院議員とコンタクトをとり、日本にテレビを導入する糸口を開くという密命をファイスナーから負わされていた。そしてそれを達成している。

その目的は、アメリカの国営ラジオ放送、ヴォイス・オブ・アメリカ（VOA）のテレビ版を世界的に展開することだった。ＶＯＡは、戦時中（１９４２年）に敵国ドイツや日本等に対して、アメリカ側のプロパガンダを放送するために作られた放送ネットワークである。時には兵士たちに投降を勧め、また戦況について虚実入り混じった情報を流し、戦況を有利に運ぶために機能した。そのプロパガンダ機関としての機能性は高く、アメリカ政府はこれを維持、発展させることにしていた。ムントはＶＯＡのテレビ版ヴィジョン・オブ・アメリカのための世界的放送ネットワーク建設を提唱していた上院外交委員会の有力議員だ。

電波監理委員会はテレビ基準を決定した

電波監理委員会がしたもっとも大きな仕事は、テレビ基準の決定だった。これは日本のメディア史上でも最大級のイベントだったといえる。だから、メディア研究者などは「メガ論争」としてこの件についてしばしば触れる。だが、彼らはこの決定が奇妙な手順でなされていることに言及してこなかった。奇妙というのは、まず結論が出されて、そののち「聴聞」つまりヒアリングが行われ、そこで議論がなされているのだ。基準決定までの流れを見てみよう。

当時、テレビを放送する方式としては、アメリカで先行して採用されている「6メガヘルツ・白黒放送」（NTSC方式）と、「7メガヘルツ・カラー放送」方式の二つが検討されていた。

民放テレビ局開局を目指す読売新聞社主の正力松太郎と八木アンテナの発明者として知られる元東北帝国大学教授の八木秀次は、前者を採用すべきだと主張した。これに対して浜松高等工業学校助教授時代にテレビ受像機を開発した高柳健次郎と協会は、7メガのカラーで始めることを主張した。こちらは国産の技術である。日本のテレビメーカーは協会・高柳の側についた。

1952年2月16日、電波監理委員会は、前者の方式を採用することを決定した。そののち、翌日から「聴聞会」を開き、八木と高柳の意見を述べさせた。高柳はどうしても自分の方式が採用されないとわかって号泣したといわれる。

アメリカ側の公文書で明らかになったことだが、実はこの決定を下すよう、吉田総理が富安電波監理委員会委員長に命じていた。つまり、出来レースである。本来ならば自国の技術を採用する方に傾いてもおかしくないのだが、吉田にはアメリカに恩を売る動機があった。国内に火力発電所を建設するための資金、電源借款が欲しかったのである。

当時、復興に向かっていく日本にとって電力不足は解決すべき喫緊の課題であった。そのためにテレビの方式くらいは差し出しても良い、というのが吉田なりの現実的な考え方だったのだろう。

これらの事情は、正力の私設秘書だった柴田秀利と日本にテレビを持ち込もうとしていたアメリカ上院外交委員会顧問のヘンリー・ホールシューセンの間の書簡から明らかになっている。[82]

それにしても、政府から独立し、その権力の影響を受けないようにするということで作られた電波監理委員会が、総理大臣である吉田の命を受けてテレビの基準を決定していたということは大きな汚点だ。しかも、吉田にそのような圧力をかけたのが、アメリカ政府だったということは皮肉だ。そのようなことが起きないようにと、電波監理委員会を政府から独立の機関にすることにこだわったファイスナーはこのことをどう思っただろう。彼の口から直接聞きたかったが、その機会はついになかった。

私は２００５年に研究のため渡米して以来彼と会っていなかった。帰国後も、聞き取り調査ではなく、アメリカ国立第二公文書館で収集した資料による裏付け作業に重心が移っていた。そうしているうちに、彼は２０１０年、長年住み慣れた蔵王の山村で、老衰で亡くなったのである。

電波監理委員会廃止の経緯

1950年の放送法施行からわずか2年後、放送法の意味をまったく変えてしまう事件が起きた。そして、これは戦後のメディア史上、言論史上、最悪の出来事といっていい。吉田総理は、電波監理委員会設置法および電波監理委員会の廃止を決めてしまったのである。

もともと電波三法、とくに放送法と電波監理委員会設置法はセットになっていた。それによって、協会や放送が、戦前のように国家権力に支配されることがないように設計されていたのである。それなのに、吉田は電波監理委員会を廃止した。ならば同時に放送法も廃止するか、大幅改正しなければならなかったのに、そうしなかった。その結果、放送、とくに協会が政府に支配されることになった。それは、戦前への回帰であり、GHQの進めた放送の民主化と自由化の放棄だった。

まだ日本はGHQの支配下にあったにもかかわらず、なぜこのようなことができたのか。

電波監理委員会設置法と電波監理委員会の廃止は、１９５1年5月1日のマシュー・リッジウェー大将の声明によって決定づけられた。リッジウェーは、１９５1年4月に朝鮮戦争をめぐる方針の相違からトルーマン大統領によってマッカーサーが解任されたあとを受けた連合国軍最高司令官だ。

彼の声明は、ＧＨＱが占領中に定めた諸制度を日本の都合に合わせて変更してよいというものだった。つまり、占領ももうすぐ終わるので、日本の判断で変えたいと思ったものは変えていいということだ。そこで、吉田は電波監理委員会設置法も電波監理委員会も廃止することにした。

手続きとしては、電波監理委員会廃止法案ともいうべき法律第２８０号が発布され、電波監理委員会が廃止され、法の条文中、電波監理委員会と入っていた部分が郵政大臣と置き換えられた。

以前は政府から独立した電波監理委員会が放送全般を監督することになっていたのが、すべて政府機関が関与する形に変わってしまった。これによって、放送（協会と民放）が政府に支配されることになってしまった。

これがどれほど馬鹿げているかは、筆舌に尽くしがたい。ＧＨＱが電波三法で目指したことは、放送、とりわけ協会を政府支配から解き放つことだった。電波監理委員会設置法と電波監理委員会は、それを保証するものだった。だから、この委員会に、政府と癒着しがちな協会に対する強大な権限を与えたのだ。

ところが、吉田はこの政府と協会の間の隔壁を取り去ってしまった。それだけでなく、政府の介入を防ぐために強化した電波監理委員会の権限を、今度はそっくり政府が握ることにしてしまった。まさしく、ベクトルが逆転したのだ。

政府による協会支配

これによって受信料規定は次のように変わった（傍線引用者）。

第32条

協会の標準放送を受信することのできる受信設備を設置した者は、協会とその放送の受信についての契約をしなければならない。但し、放送の受信を目的としない受信設備を設置した者については、この限りでない。

（中略）

３．協会は、第１項の契約の條項については、あらかじめ郵政大臣の認可を受けなければならない。これを変更しようとするときも同様とする。

言うまでもなく、１２９-１３０頁にあった以前の規定と変わったのは、「あらかじめ郵政大臣の認可を受けなければならない」の箇所である（以前は電波監理委員会）。これでほぼ現在のものと同じになったといっていい。契約義務と支払い義務が直接に結びついておらず、郵政大臣、つまり政府が協会と受信者の間に入って、両者を結びつけている。これによって、政府が受信料の値下げや値上げに口出しできるだけでなく、支払いを義務化するかどうかも決めることができる。生殺与奪の権を握ることになり、協会に政治介入できることになったのである。

現行放送法への大改悪

受信料規定以外にもＧＨＱは電波監理委員会に対して、協会に手かせ足かせをはめる権限を与えていたが、この変更によってそれらはすべて、政府が握ることになった。政府からの独立を保つためのものが、政府に隷従させるための政治的道具にそっくりそのまま変わったのだ。
1950年の放送法は、1952年法律第280号で次のように変更された（傍線引用者）。

法律第280号（昭27・7・31）
郵政省設置法の一部改正に伴う関係法令の整理に関する法律
（電波監理委員会設置法の廃止）
第1条　電波監理委員会設置法（昭和25年法律第133号）は、廃止する。
（電波法の一部改正）
第2条　電波法（昭和25年法律第131号）の一部を次のように改正する。
（中略）
第7章を除き、「電波監理委員会」を「郵政大臣」に改める。
（中略）
（放送法の一部改正）
第3条　放送法（昭和25年法律第132号）の一部を次のように改正する。

「電波監理委員会」を「郵政大臣」に改める。

第48条を次のように改める。

（電波監理審議会への諮問）

第48条　郵政大臣は、左に掲げる場合には、電波監理審議会に諮問し、その議決を尊重して措置をしなければならない。
1．第9条第5項（修理業務を行う場所の指定）、第11条第2項（定款変更の認可）、第32条第2項及び第3項（受信料免除の基準及び受信契約条項の認可）、第33条（国際放送実施の命令）、第34条第1項（放送に関する研究の実施命令）、第43条第1項（放送の廃止又は休止の認可）又は前条（放送設備の譲渡等の認可）の規定による処分をしようとするとき。
2．第37条第2項の規定により日本放送協会の収支予算、事業計画及び資金計画に対して意見を附けようとするとき。
（中略）

第49条を次のように改める。

（勧告）

第49条　電波監理審議会は、前条に掲げる事項その他放送の規律に関し、郵政大臣に対して必要な勧告をすることができる。

2　郵政大臣は、前項の勧告を受けたときは、その内容を公表するとともに、これを尊重して必要な措置をしなければならない。[83]

これによって1950年の放送法（法律第132号）の条文の語は電波監理委員会から郵政大臣に変わった。

（定款）

第11条　協会は、定款をもって、左の事項を規定しなければならない。

（中略）

2．定款は、郵政大臣の認可を受けて変更することができる。

（収支予算、事業計画及び資金計画）

第37条　協会は、毎事業年度の収支予算、事業計画及び資金計画を作成し、郵政大臣に提出しなければならない。これを変更しようとするときも、同様とする。

2　郵政大臣が前項の収支予算、事業計画及び資金計画を受理したときは、これを検討して意見を附し、内閣を経て国会に提出し、その承認を受けなければならない。

（貸借対照表等の提出）

第40条　協会は、毎事業年度の財産目録、貸借対照表及び損益計算書並びにこれに関する説明書を作成し、当該事業年度経過後2箇月以内に、郵政大臣に提出しなければならない。

2　郵政大臣は、前項の書類を受理したときは、これを内閣総理大臣を経て内閣に提出しなければならない。

（放送設備の譲渡等の制限）

第47条　協会は、郵政大臣の認可を受けなければ、放送設備の全部又は一部を譲渡し、賃貸し、担保に供し、その運用を委託し、その他いかなる方法によるかを問わず、これを他人の支配に属させることができない。

2　郵政大臣は、前項の認可をしようとするときは、両議院の同意を得なければならない。[84]

こうして、郵政大臣（政府）は、もっとも重要な受信料だけでなく、定款、収支予算・事業計画及び資金計画、財務諸表の提出、放送設備の譲渡等の制限等々、協会の存続と経営の根幹にかかわる部分に許認可権を持つことになった。

委員会廃止の理由をどう説明したか

政府はこのように電波監理委員会設置法および電波監理委員会を廃止した理由をどう述べているのだろうか。

リッジウェー声明のあと設置された政令改正諮問委員会は、その答申（『行政制度の改革に関する答申』）でこう述べている。

行政委員会制度は、（中略）もともと、アメリカにおけると異なり、わが国の社会経済の実際が必ずしもこれを要求するものでなく、組織としては、徒らに厖大化し、能動的に行政目的を追求する事務については責任の明確化を欠き、能率的な事務処理の目的を達し難いから、原則としてこれを廃止すること。但し、公正中立的な立場において慎重な判断を必要とする受動的な事務を主とするものについては、これを整理

簡素化して存置するものとすること。[85]

原田祐樹の「電波監理委員会の意義・教訓」によれば、これは1949年3月29日の閣議決定によって内閣に設けられた行政制度審議会が翌50年4月21日に出した以下の答申を踏まえたものだという。

行政委員会が当然に有する独立性の故に、議院内閣制度との調和を考慮しなければならないのであって、内閣の責任に留保されるべき種類の政策がこの種の委員会の手で決定されるようなことは不適当である。[86]

つまり、電波監理委員会だけを狙い撃ちにしたのではなく、占領下で作られた行政委員会すべてをリストラの対象としたのだということだ。

とはいえ、官房長官の増田を民政局に送り、マッカーサー書簡を突きつけられるまで突っ張ったのだから、吉田としては、電波監理委員会を是が非でも廃止したいと思っていただろう。

電波監理委員会は、テレビ基準をアメリカ方式に決定した流れを受けて、日本テレビ放送網（日テレ）にはテレビ放送の予備免許を与えたが、NHKには最後まで与えなかった。そして、1952年7月31日、この委員会は廃止され、歴史から姿を消した。こうして、テレビ放送免許に関する権限は、1951年7月4日にすでに電気通信大臣になっていた佐藤栄作に移った。

吉田は電波監理委員会の廃止によって、ファイスナーに復讐を果たしたといえるだろう。テレビ放送を協会にはさせず、民放会社にだけさせて、協会を弱体化させ、やがてはアメリカのような民放大国にし、それによって日本の放送を民主化するというのがファイスナーの構想だった。だが、この目論見はついえ去った。

政府は、協会を完全に掌握し、自らのために利用するようになっていく。とくに佐藤は、協会にテレビ放送を許可することによって、占領が終わった後も協会が日本の主要メディアになることを保証した。

このあとの政府と協会の密接ぶりを示す事例を挙げてみよう。

のちに総理大臣になった佐藤は、1967年の衆議院議員総選挙で、当時の協会の乙契約（ラジオ受信機の契約のこと）の廃止を公約した。国民はラジオを所有していても協会とラジオ受信契約を結ばなくていい（したがって受信料も払わなくていい）ということだ。

このころ自民党議員の汚職事件が多発し、自民党が不人気になっていたので、佐藤は人気回復策としてこの公約をぶち上げたのだ。いうまでもなく、これは本来、協会が決めることで、総理大臣が決めることではない。しかし、彼は強引に協会を従わせた。これ以後も佐藤は、陰に陽に協会を政治利用した。[87]彼が総理を辞めるときの記者会見で「テレビはどこだ」といったのは有名だ。新聞はいうことをきかないが、テレビ、つまり放送はいうことをきかせられたのだ。

こんな事例もある。１９８４年、協会は突然「犯罪報道における呼称の基本的方針」を変更した。背景にあったのはロッキード事件だった。

それまでは、犯罪容疑で逮捕された人は、敬称抜きで報道されていたが、これ以降、肩書のある人は肩書をつけて、肩書のない人は「容疑者」と呼ぶことになった。これも一部報道では、ロッキード裁判の二審が始まるので、田中角栄が呼び捨てにされたり、「容疑者」と呼ばれたりしないよう、田中派の有力者が協会に圧力をかけたとされる。[88]

東京大学新聞研究所で所長を務めた稲葉三千男は、この要求を呑む代わりに、協会は受信料の値上げを認めてもらったのだと見ている。

番組内容に口を挟むこと、あるいは協会側が過剰な忖度をしたこともある。安保闘争が盛り上がっていたころ、ＮＨＫ大阪局の「悪い奴」というドラマがリハーサルに入ったところで打ち切りになった。登場人物が国会議事堂を爆破するというストーリーだったからだ。

新安保条約が自然成立するまでを振り返った座談会番組では福井文雄ＮＨＫ解説委員の「政府は安保条約についてウソをついている」という発言がカットされた。もちろん、これらは表面化したごく一部で大部分は水面下で消されていったのだ。[89]

このようにいうと、一部の読者は「ＮＨＫは左翼的で政府のいうことなど聞かないではないか」というかもしれない。なるほど、前に87-88頁で述べたように、占領初期ＧＨＱは、ＮＨＫに労働組合を組織させ、放送委員会にも左翼的文化人を入れた。

このためもあって、ＮＨＫの労働組合は極めて左翼的で、朝鮮戦争のときに、ＧＨＱが１１９人もの職員をパージしたほどだ。[90] 現在でも、番組制作などにおいて、左翼的傾向は強い。

しかし、これはあくまでもＮＨＫ内の「一般職員」のことに過ぎない。政府から圧力を受ける「幹部職員」や「上級職員」（ゆくゆくは経営委員になることを目指している）は、受信料や予算の国会審議のこともあって、政府に忖度し、服従せざるを得ない。それは、気骨のあるキャスターが政権批判すると、その後「定期の異動」のために、画面から姿を消すことからもわかる。

電波監理委員会が廃止された後の日本の放送史は、政府が放送を支配した暗黒の歴史だ。協会に関する部分などは漆黒の闇だといってもいい。

第6章　受信料判決は違憲である

最高裁判所は協会と受信契約を義務づける放送法が契約の自由に反せず憲法違反ではないとする。だが、その根拠となっている「協会しかできない公共放送」がどのようなものであるかを示してはいない。また、劇的に変わったメディア環境では、もはやその論理は破綻している。

正当性がない受信料規定

これまでに見たように、現在の受信料規定は、ＧＨＱが放送を民主化し、受信許可制から受信自由制に移行させたことから生まれたものである。問題は、アメリカのように受信自由制をとった以上、放送局経営の財源もアメリカのように自発的寄付か広告収入から得るべきだったのに、そうしなかった点だ。ＮＨＫの放送局はその収入でやっていけるサイズの単体の地方局であるべきだった。

独立経営の地方局が設立されたあとで、アメリカの商業ネットワークのように、そして現在の日本の民放ネットワークのように、他の独立の地方局とネットワーク契約を結んでネットワーク放送しても構わなかった。

ところが、協会は、その道を選ばず、直営局を結んだ全国ネットワークとして存続することを勝手に決めた。全国的電波のリレー網や通信設備は、国税を投入して整備すべきだった。そして、公共財として民放にも開放すべきだった。だが、そうしなかった。

協会は自らのリレー網とネットワークを民放に開放せず、その維持費も強制的に徴収した受信料でまかなうことを選択した。契約の自由に反し、憲法にも反するこの受信料規定を放送法に盛り込むことを、ファイスナーをはじめとするＧＨＱ将校が阻止しようとしたにもかかわらず、である。

これが政府から独立した電波監理委員会が電波監理と協会の経営と受信料をコントロールしているうちはよかった。政府は放送にも協会の経営にも直接圧力をかけることができないからだ。放送は政治権力から自由でいられた。

しかし、電波監理委員会は廃止され、かわって政府機関である郵政省が電波監理と協会の経営と受信料をコントロールすることになった。これは放送の民主化に逆行するものであり、放送の自由を阻害するものだ。

これでは、経営と受信料に関して生殺与奪の権を握られている協会に、政府に媚びるなといっても無理だ。それは、佐藤総理の一声で、ラジオ受信料の廃止を決めたことからも明らかだ。これは国際的にも日本のメディアの信頼度に対する評価を低くする原因を作っている。

２０１６年と17年に「国境なき記者団」は、「報道の自由度ランキング」で日本を世界全体の72番目であると評価した。この種のランキングが発表される度に、左派メディアなどは「政権からの圧力があるからだ」というが、これは正確な言い方とはいえない。17年にデイヴィッド・ケイが国際連合で行った特別報告で問題視しているのは、政府機関である総務省が、放送法第４条の公平原則に反した放送局に停波措置をとることができる点である。この根本的で構造的な点を問題視し、「日本では表現の自由が守られていない」と非難しているのだ。

現在の憲法違反の受信料規定、すなわち放送法のもと、総務大臣（かつては郵政大臣）が受信者と協会の間に介在して、受信設備所有者の義務とされる契約の中身を決め、協会が受信契約者に対し「日本放送協会放送受信規約」で受信料支払い義務を課す制度、それによって政府が協会をコントロールするという制度が、報道の自由度を下げているのだ。

受信料判決の時代錯誤

もともと、このような矛盾に満ちたものなので、そして契約の自由に違反するものなので、この放送法の受信料規定は、法的強制力を持つのに困難なはずである。ところが、はじめこそ、罰則がない訓示規定ゆえに、ほとんど強制徴収しなかった協会が、次第に強硬になり、未払いの国民を裁判に訴え始めた。

そして、裁判に勝利することによって、協会は「私たちは正しい、現に裁判所が私たちの主張を支持しているのだから」と言いはじめた。

だが、以下で詳しく見る裁判所の判決は、放送法の成立過程での議論を無視したものであるうえ、衛星通信とインターネットが発達した現在のメディア状況において協会が置かれている現状の認識も誤っているといえる。

かつて協会が整備し、全国津々浦々まで協会の放送を受信できるようにした、電波リレー網と設備は、すでに衛星通信、インターネット回線網にとって代わられている。そして、民放も衛星放送、動画配信をしていて、地上波の電波リレー網に頼らずとも全国放送をしている。

にもかかわらず、最近出された受信料判決は、電波監理委員会が廃止され、衛星放送とインターネットが登場するまでの「放送の時代」の前提条件に基づいていて、インターネット登場後の現在の「放送と通信の融合の時代」また「放送から通信への移行の時代」の現状を認識していない。

その結果、現在は「デジタル通信の時代」なのに、いまだ「アナログ放送の時代」にいるかのような時代錯誤的な判決になってしまっている。いまや、協会だけがあまねく広く放送しているのではないし、多メディア多チャンネル化によって情報が氾濫しているので、公共放送でなければ得られない情報もない。民放と公共放送の二本立てにする意味も認められない。

2017年受信料判決

最近の受信料判決で最もよく知られているのが2017年12月6日の受信契約締結承

諸等請求事件大法廷判決である。非常に長く、いろいろな論点について論じているが、要点をまとめると次の二つになる。

1．ＮＨＫだけが「公共の福祉のために、あまねく日本全国において受信できるように放送を行うことを目的としている」。

2．ＮＨＫは民放とは違って営利を目的としない公共的性格を持っており、広告が禁じられているので受信料を徴収することができる。[91]

まず、1の点だが、協会が戦後一貫して「あまねく日本全国において受信できるよう」、離島に至るまで、電波のリレー網を整備したこと、難視聴地域をなくすために多額の資金をつぎ込んできたことは前述のように事実である。

裁判官は「あまねく日本全国において受信できる」放送リレー網を整備したことをもって協会が「公共放送」であり、だからこういった設備を受信料で支えなければならないと考えている。これは第3章でも見たように、実際に、放送法の成立過程でＧＨＱとの対立のなかで、協会の組織とネットワークを存続させるために、考え出された理屈である。BBCなどはこれを公共放送の要件とは考えていない。

しかも、この「公共放送」の概念は、日本放送協会発足のとき後藤新平が考えていたものでも、GHQが日本の放送を民主化しようとしていたとき考えていたものでも、スイス人が国民投票（44頁）のとき考えていたものでもない。つまり、受信料徴収を正当化するために考え出された「公共性」だといえる。

加えて、現在、この電波リレー網は必要ない。今では、宇宙空間にある衛星から衛星波で日本全国に放送できる。事実、衛星放送のアンテナとチューナーさえあれば、日本のどこでもBS日テレ、BS朝日、BS-TBS、BSテレ東、BSフジを受信し、視聴できる。また、NHKだけではなく民放各局も、すでに動画配信を行っており、インターネットを通じても全国放送をしている。つまり「あまねく日本全国において受信できる」リレー網を持つのは、とっくに協会だけではなくなっている。

地上波の時代は、協会のみ全国的リレー網を持っていたために、民放は全国どこでも視聴できるわけではなかった。地方ではNHKプラス民放1局または2局という時代が長かった。現在でも民放がすべて視聴できる県は少ない。だが、これは地上波の話だ。

衛星放送と動画配信が始まってからは、協会だけが「あまねく日本全国において受信できる」放送局ではなくなったのだ。協会が設備投資した放送リレー網も、それまでに得た受信料収入で減価償却は終わったと見るべきだ。この段階で「あまねく日本全国において受信できる」から、「公共放送」であって、民放がとれない受信料をとることができるという根拠はなくなっている。前出の近江幸治早稲田大学法学部名誉教授も次のように述べている。

情報伝達手段が発達していなかった昭和40年頃までは、確かに、NHKは、国民の文化向上に対する寄与に大きなものがあり、その意味では、「公共放送」としての価値があった。しかし、現代においては、情報伝達手段は拡大し、NHKの唯一性は失われたといってよい。したがって、放送法64条1項は、その歴史的役割を終えたと評することもでき、その意味では、（引用者注・受信契約を義務と定めた受信料規定を）訓示規定と解する考え方も不当ではない。[92]

「あまねく日本全国において受信できる」から、「公共放送」で、だから受信料を強制徴収できるという、もともと無理な論理は、今日ではさらに通用しないのだ。

多くの国々で公共放送は広告を流している

では2はどうか。現行法では協会は広告収入を得ることを禁じられているので、たしかに受信料のみが収入だ。では法律を変えて、広告収入を得てもいいことにすればどうか。これはGHQも考えたことだ。

日本だけ見ていると気が付かないが、世界では公共放送が広告を流すのは珍しくない。韓国、中華民国、スリランカ、ドイツ、フランス、イタリア、スペイン、アイルランド、アイスランド、オーストラリア、ニュージーランド、ベルギーなどの国では公共放送が広告収入を得ている。

なるほど、これらの国々の公共放送は、受信料や国からの交付金が収入の大部分を占めていて、広告収入はそれほど多くない。しかし、それは受信料・交付金が入るからで、これらに頼ることができないとなれば、広告放送への力の入れ方も違ってくるだろうし、それによって収入を大幅に増やすことができるだろう。近江もこう述べている。

NHKも基本的に広告収入に依拠したPrivate Management Systemに移行すべき

であり、これによって、公平で質の高い放送番組の作成・サービスの提供を、民間放送と「競争」すべきである。競争原理による成果は、財政の削減はもとより、計り知れないプラスの効果を生むからである。[93]

そもそも、広告を流すことによって公共的性格は損なわれるのだろうか。

筆者の答えは、もともと協会は、民放にはない公共的性格など持っていないので、損なわれないというものだ。それはスイス公共放送協会やＢＢＣと較べてもはっきりする。再三述べているように、「公共性」とは受信料強制徴収を正当化するために作られたフィクションなのだ。

むしろ、協会は受信料制度があるがためにほとんど政府の広報機関と化していて、前述のように、報道機関として民放にはない大きな欠陥を持っている。

国民の知る権利に応えること、不偏不党、表現の自由を確保すること、健全な民主主義の発達に資することは協会のみに課された責務ではない。それは、民放を含めた放送全体が果たさなければならない義務だ。したがって、これらのことは協会だけが持っている公共的性格ではない。公共の電波を使う以上、放送機関は協会も民放もこの性格を持っている。

これらを除いたもので、協会独自の公共的性格がなければならないのだが、それは見当たらない。第1章でも見たように、歴代の総務省の受信料関係の検討会のメンバーは「NHKの公共性とはなにか」と問い続けてきた。つまり、公共性などないのだ。

この裁判で裁判官はまず公共放送とは広告を流さないものだという結論ありきで、論理はそれに合わせて作り上げている。裁判官は、協会は広告を流さないから公共放送だ、広告収入に頼らないから受信料がとれると論理を組み立てているが、これは間違っている。広告を流しても公共放送たりうる。したがって、公共放送だから受信料を強制的にとれるという論理も成り立たない。

また、裁判官は、なぜ放送法では、契約義務だけを定め、受信料支払い義務の方は「日本放送協会放送受信規約」で定められているのかの説明もしない。これは大きな落度だ。

イラネッチケー訴訟

次に、別の受信料裁判をみよう。少し前に話題になったイラネッチケー訴訟（通称）

である。東京都文京区在住の女性が、協会を相手どって、ＮＨＫの電波を減衰させる装置（イラネッチケー）を取り付ければ、協会と受信契約を結ぶ義務がないことの確認を求めて裁判を起こした。

これに対し２０２０年６月26日、東京地裁は原告の訴えを認めた。つまり、イラネッチケーやそれに類したものを取り付ければ、協会と受信契約を結ぶ義務はないということだ。

協会はこの判決に対してただちに控訴した。そして控訴審の判決（２０２１年２月24日）は「受信できなくする機器を取り外したり、機能を働かせなくさせたりできる場合は、その難易を問わずＮＨＫの受信設備にあたる」とした。協会の主張が認められたわけだ（２０２１年12月２日二審判決確定。最高裁は上告を退けている）。

しかも、驚いたことにこの判決は、公共放送と民放の二元体制を維持するためには、ＮＨＫを見ない人も受信料を負担することを放送法は求めていると述べている。

親判決（２０１７年判決）と比較してみるとわかるが、この判決は電波を受信できるかどうかという技術的な点はほぼ無視して、親判決の原理つまり「ＮＨＫだけが公共の福祉のために、あまねく日本全国において受信できるように放送を行うことを目的としている」、「ＮＨＫは民放とは違って営利を目的としない公共的性格を持っており、広告が禁じられているので受信料を徴収することができる」を踏襲しているのがわかる。言い換えれば、アナログ地上波の時代の論理でデジタル通信の時代の受信料の徴収を正当化している。

２０２１年３月４日付「デイリー新潮」の記事「ＮＨＫ受信料は税金と同じ扱い？イラネッチケー控訴審で書かれた理解不能な判決文」でも原告代理人の高池勝彦弁護士はこう言っている。

まあ、高裁は最初からＮＨＫの主張に乗るつもりだったということです。ＮＨＫは公共放送が設立された意義を申し立て、民放との二元体制の維持を主張しました。スポンサーを付けた民放に対し、スポンサーに影響されず受信料で賄われるＮＨＫという2本があってこそ、バランスの取れた放送ができるというわけです。高裁もこの二元体制の維持に同調し、そのためには公平に支払わせるというわけです。

高池がいうように、この判決は「最初からＮＨＫの主張に乗るつもりだった」つまり、公共放送とはなにか、なぜ二元体制が必要なのか、それを維持することが必要なのかという問いには全く答えていないし、考えてすらいないといえる。放送法でそうなっているから、それに沿って判決を下しているということだ。

若者たちはネットテレビへ

裁判所は、過去の判例を見て、現状を見ようとしないが、放送から通信への移行が進んでいる現在では、さらに判決の根拠を突き崩す事態が進行している。

先日、親戚の若者から話を聞いて驚いた。テレビ受像機は買っていないという。プロジェクターにファイヤースティック（テレビで配信動画を見るための機器）を挿し込んで、スクリーンに映像を映して見ているという。同じことはモニターにファイヤースティックを挿してもできるだろう。パソコンは持たず、すべてケータイで済ましているという。ということは、「NHKの電波を減衰させる装置」イラネッチケーもいらないということだ。

動画配信は放送ではなく、通信だ。つまりファイヤースティックは電波を受信するための設備ではない。それを挿すプロジェクターやモニターも電波を受信するための設備ではない。これは放送法が適用できない。放送ではないからだ。放送法に基づいて間接的ながら支払い義務を負わせてきた受信料も徴収できないことになる。

これに対して、ケータイを持っていれば協会に受信料を払わなければならないという判決（２０１９年3月12日）を覚えている人は心配するかもしれない。しかしこれはワンセグという放送を受信できる携帯電話の存在が前提となった判決だ。実際ケータイでも、最近のタイプはワンセグなどを受信しないので、協会に受信料を支払う必要がないとメーカー自身が宣伝している。

これまでテレビ放送の長時間視聴者といえば私のような60代以上の老人だった。しかし、私もＳＮＳの閲覧や投稿に忙しく、暇なときに見るものも、YouTube や Netflix など有料動画配信でテレビ放送ではない。

動画配信に慣れているので、好きな時間に、好きなだけ見ることができ、好きなところで中断し、再開し、巻き戻し、早送り自由でなければ、不便を感じて仕方ない。こう感じてテレビ放送視聴をやめているのは私だけではないだろう。

とすれば、この先、誰がわざわざ協会に受信料を払うためにテレビ受像機を買うだろうか。老年層もプロジェクターやモニターにファイヤースティックで、あるいは受信のためのチューナーを内蔵していないテレビ（モニターというべきか）で、動画配信を見ることを選ぶだろう。実際、イギリスはじめヨーロッパでも若者はテレビ受像機を買わなくなっている。

協会は動画配信に受信料を課すことができない

これに対して、協会は放送の受信ではない形態、つまり、動画配信によるＮＨＫコンテンツの視聴にも受信料を課するかもしれないと考える人がいる。たしかに、２０１０年の放送法改正で、第2条第1号は「『放送』とは、公衆によって直接受信されることを目的とする無線通信の送信をいう」から「『放送』とは、公衆によって直接受信されることを目的とする電気通信の送信をいう」に改められている。

また、協会は２０２０年4月1日から動画配信サービス「ＮＨＫプラス」を始めた。「無線通信」が「電気通信」に変われば、インターネットによる「ＮＨＫプラス」が視聴可能なことをもって協会が、例えば、ファイヤースティックの持主に受信料を課すことは可能なのか。

端的にいえば、それはできない。なぜなら、受信料とは、協会しかできない公共性の高いコンテンツを、あまねく広く届けるために全国に張り巡らした電波リレー網と全都道府県に置かれた直営局を維持するために必要な「特殊な負担金」とされてきた。つまり、電波で放送するのに必要な設備の維持費として位置づけられてきた。歴史的にいっても、実際に裁判所が下した判決でもそうなっている。

動画配信ならば、渋谷にあるＮＨＫ放送センターからインターネットにアップロードすればいいだけだ。それであまねく広く全国に協会の番組が届けられる。全国ネットワークも電波リレー網も各県に置かれた直営局も必要ない。膨大な維持費はいらない。広告収入で十分やっていける。

つまり、放送から動画配信に転換するなら、国民は動画配信を維持するための「特殊な負担金」を払えばいいのであって、電波リレー網と直営局を維持するための「特殊な負担金」は払う理由がないということだ。こちらは、あまねく広く協会の放送を行う上でもはや必要ない。動画配信のための設備維持費ならば広告収入で賄うことも考えられるので、実質的に受信料は無料ということになる。

あるいは、それほど維持費がかからない動画配信は無料にし、放送はこれまで通り受信料を取ればいいというかもしれないが、これだと従来の受信方法で協会のコンテンツを視聴している受信者はなだれを打って、動画配信に切り替えるだろう。

そもそも、電波を使う放送は、電波の希少性から限られた数の放送機関しか許されない寡占体制であるがゆえに、公平原則など厳しい規制を課されてきた。公共放送と民放の二元体制が必要だという論理も、放送が寡占状態にあることを前提としている。

動画配信は、サイトを運営し、情報発信する企業や機関が無数にあり、寡占体制にはない。ユーザーは無数の情報源から自分で選んで情報を得ることができる。あるインターネット上のサイトなり動画サイトなりで、自分が公共性の高いコンテンツだと思えば、そのサイトを使えばいい。別に協会が手前味噌で公共性が高いと言い張るものを利用する必要はない。

また、とくに日本製のコンテンツでなくともいい。とりわけ報道に関しては外国のコンテンツが有用かもしれない。いずれにせよ、放送では寡占体制のために限られた選択肢しかなかったが、インターネット上では選択肢が多くあるので、ユーザーは公共性の高いコンテンツを求めるなら、自分の判断で多くの選択肢のなかから選べる。

このようなネットの時代になった以上、もう受信料もＮＨＫも終わりだと言わざるを得まい。もともと、受信料の強制徴収は無理に無理を重ねて正当化されてきたが、多メディア、多チャンネル、グローバルネットワークの時代にあっては、もはや正当化は不可能で完全に存立の根拠がなくなった。これを憲法違反の受信料規定で護るのは許されない。

2021年12月17日の参議院予算委員会で、自民党の小野田紀美参議院議員は、NHKがインターネットに移って受信料をとってはいけない理由をこう言っている。

「ネット、それ広げたら、じゃ、世界中でネットつなげる人からみんな取るんですかというおかしなことになるんです。世界中見れ（ママ）るのに日本人だけが払うんですかということになるので、制度として成り立たないと思うんです」

BBCはIPアドレスを読み取って海外からのiPlayerへの不正アクセスをブロックしている。また、ブロックしなくとも、海外向けのものには課金するなり、広告を入れればお金がとれる。実際BBCはそうしている。毎月100万円もの調査研究広報滞在費をもらいながら、こんなことすら調べていないらしい。132頁で触れた族議員と同じく、彼女も受信料に関する問題の本質をまったく理解していない。

終章　メディア公社設立構想

NHKも民放もカーボンニュートラルに反する放送はやめて、一つの動画配信プラットフォームにまとまるべき。受信料を廃止し、新たに設ける「視聴料」と「テレビ税」をこのプラットフォームに投入し、コンテンツ制作機関に重点的に資金を回し、日本製コンテンツの質を高める。そして、日本版FCCを設置して、電波オークションを行い放送と動画配信が政府に支配されないようにする。

NHK国際放送はいらない

日本は対外広報を協会の国際放送に頼っている。そのために、日本が取っている立場が国際的に理解されておらず、不利になっている。

2020年度に協会が国際放送に見込んだ予算は292億円だった。そのうち、政府の交付金は36億円だった。[94]海外においてまったく見られていない以下の現状を考えるとこの巨額の金は無駄ではないのか。

２０１４年の総務省の調査「国際放送の現状」では、協会の国際放送を視聴した経験がある人は、イギリスで４・５％、アメリカ（ニューヨーク）で４・６％、フランスで４・３％だった。「経験がある人」というのは、一生に１回でも見たことがある人という意味で、直近１カ月とか１年で見たことがあるという意味ではない。

これに対して中国の中央電視台の国際放送の視聴経験者は、イギリスでは16・２％、アメリカでは12・９％、フランスでは８・５％いる。

私もアメリカ、ヨーロッパ、オーストラリアに海外出張によく行くが、ホテルのテレビの番組表や番組案内に協会の番組を見たことがない。ＢＢＣとＣＮＮは標準だが、最近は中央電視台がそこに入り込んできている。

国際広報において、日本は世界的には信頼度が低い中央電視台にすら水をあけられている。これは国益にかかわる問題だ。というのも、中央電視台は、国営放送だと勘違いされているが、実際は中国共産党が指導・監督するプロパガンダ機関だ。その番組内容はソフトタッチではあっても中国のプロパガンダである。

　これに対し、協会の国際放送は、内容は文化や食べ物や観光地に関するもので、日本の取っている立場を世界に伝えるものではない。つまり、中央電視台のプロパガンダに対して、カウンター・プロパガンダになっていない。カウンターどころか、まったく見られていないのだ。

　中国共産党のメッセージは中央電視台を通じて世界に伝わるのに、日本政府のメッセージはまったく伝わっていない。これでは尖閣諸島などの領土問題、南京事件などの歴史問題の国際広報において、極めて不利な立場に立つことになる。

　では協会の国際放送ではなく、YouTube を使ったらどうか。こちらの方が低予算で確実に世界の人々に伝わるのは明らかだ。

　協会は、さまざまな創意工夫を凝らして、国際放送の番組を作り、放送しているという。「これだけ考えて制作しています。これだけいい番組を放送しています」という。ところが、協会はこれだけ見られていませんとは言わないし、見られていない事実には言及を避ける。

国際広報はYouTubeで行うべし

なぜ、協会の国際放送が海外で見られないのかといえば、もちろんコンテンツが協会の独りよがりで制作したもので、魅力がないというのが根本にあるが、それよりも大きな問題は伝達経路である。協会の国際放送は、衛星通信で世界各国のケーブルテレビか、それに相当する機関に送られる。そこから、ホテルや教育機関に送られることになる。[95]衛星まで送るのにも、衛星から各国のケーブルテレビに送るのにも、巨額の回線使用料を払うことになる。

中央電視台の場合、衛星放送を受信できる衛星アンテナをケーブルテレビ業者に供与し、さらにはケーブルテレビに放送してもらうために、奨励金のようなものを出している。つまり、莫大な経費をかけて放送させているのだ。

協会は、大学など限られた教育機関には、衛星アンテナ等を提供しているが、そのほかのケーブルテレビ業者などにはそのようなことはしていない。奨励金のようなものも出していない。ここで、協会の国際放送は、中央電視台の後塵を拝することになる。つまり、衛星、ケーブルテレビ業者、視聴者という伝達経路に問題があるのだ。

これを放送中心ではなく、YouTube中心にすれば、インターネット、視聴者と直接つながるラインの強化になる。かつ、YouTubeに合わせたコンテンツ作りに重点を移せば、制作費もかなり抑えられることになる。

結論は、協会の国際放送を廃止し、日本の国際広報をYouTubeですれば、広く、タイムリーに、効果的に伝わるし、衛星回線の使用料もかからないので経費も驚くほど安くすむということだ。

なぜ、政府は協会から国際放送のための交付金を引き揚げて、そのお金をコンテンツ制作業者に渡し、優れたコンテンツを作らせて、それをYouTubeにアップロードしないのだろうか。そうした方が今よりはるかに海外の人々に届くし、中国にも対抗していけるし、予算の節約にもなる。

国内の政府広報もYouTubeでいい

同じことは、国内の政府広報にもいえる。新型コロナ感染が猖獗（しょうけつ）を極めていたころ、当時の総理大臣だった菅義偉は、しばしばNHKの夜7時のニュースで政府声明を発表した。総理としては、この局の7時のニュース番組ならば国民全体に伝わると思ったのだろう。協会を政府の広報機関と考えていることも問題だが、この局ならば国民全体に伝わると勘違いしていることはもっと問題だ。とくに若者たちで、あの時間にＮＨＫニュースを見ている人はほとんどいない。自宅にいないからだ。

帰宅している年齢が上の世代も、ニュースではなく、すでに知っていることを長々と話す菅総理の言葉に最後まで耳を傾ける人などいない。あのメッセージはほとんど意味がなかった。多くの人々は、あの政府声明によって言及されたことを知ったのではない。それとは関係なく、ネットニュースなどによって既に知っていたのだ。

政府の新型コロナウイルス感染症対策分科会の尾身茂会長は、コロナについての自分のテレビでのメッセージが若者にほとんど伝わっていないことを知って２０２１年後半からYouTubeを使った。それによって、それまでよりも多くの若者にメッセージを届けることができた。

政府、および与党は、放送法、とりわけ受信料規定で協会をがんじがらめにして、政府の広報機関として、ときによっては、人気取りの道具に使っている。これ自体忌むべきことだ。協会は協会で、気骨のあるニュースキャスターは「定期異動」させて、政府高官の意向を協会の放送に反映させる茶坊主を出世させ、報道機関としての使命をおろそかにしている。

政府は、国民に伝えたいのならば、有力議員がそうしているように、協会ではなくYouTubeを使い、受信料で協会を縛るのをやめるべきだ。放送法のなかの受信料規定を改定し、契約義務を解除し、受信料徴収に国が介在するのはもうやめることだ。この爛れた関係は早々に断ち切ったほうがいい。

災害情報もネットのほうが有用

協会は近年、災害放送に力を入れていることを強調する。公共放送といいながら、どんな公共性なのかを説明できないので、災害放送なら、公共性があると納得してくれると思ったのだろう。

しかし、実際に災害に遭った人ならわかると思うが、放送はほとんど、あるいは、まったく役に立たない。なぜなら、災害時は、電力喪失が起きていて放送を受信できるAV機器が使えないからだ。

私は2011年の東日本大震災を宮城県で経験したが、停電がおよそ1週間続いたので、放送は一切受信することができなかった。放送局自体、4、5日の間、電力がないために放送していなかった。中継設備も被害を受けたため、放送できたエリアは限られていた。
つまり、現状の災害放送とは、被害に遭っていない人々が被害状況を見るためのものであって、被災者たちが情報を得るためのものではないということだ。もちろん、災害用にラジオと電池を用意しておくという手もあるが、電池は長時間もたない。
あの時、人々が頼ったのは、ケータイ（スマホ）だった。つながりにくくはなっていたが、何回か試せばメールは送れた。そして、安否情報をやり取りするための掲示板にもアクセスできた。自分の周囲の被害状況、交通や病院や支援物資については、ケータイを通して地方自治体や地方紙のホームページを閲覧して情報を得ていた。ケータイは文字通りライフラインだった。[96]
放送は被害を受けてしばらくは、役に立たない。テレビやラジオは、なんとか生き延びて、電源とか水とかが手に入り、少し余裕ができたときに、避難所で、ほかにすることもないので、自分たち以外の人々の状況について見たり、聞いたりするためには役に立つ。協会も民放も、放送よりはネット配信したほうが、被災者たちに早く、確実に、十分に届く。

カーボンニュートラルの観点

カーボンニュートラルが叫ばれて久しい。テレビ放送業界も、これをしきりに取り上げる。しかし、そもそも放送の存在そのものがカーボンニュートラルに反しているのではないか。現在、NHK総合、Eテレ、NHK BS1、NHK BSプレミアム、日本テレビ、BS日テレ、TBS、BS-TBS、テレビ朝日、BS朝日、テレビ東京、BSテレ東、フジテレビ、BSフジなど、主要な全国的テレビ放送だけで14ものチャンネルがほぼ一日中放送している。

その電力消費は膨大だ。このように電力を無駄にする放送よりも、見たいときに見たいだけ見ることができる動画配信の方がカーボンニュートラルの面でも優れている。これだけを考えても協会を含め日本の放送チャンネルは、動画配信に移行していかなければならない。

そもそも、放送には放送局やアンテナや電波リレー設備など巨大インフラとその維持費が必要だ。放送に資金とエネルギーを使うより、コンテンツ制作に集中的に資金を投入し、質が高い豪華大作を制作して、それをオールジャパンのプラットフォームにのせ、日本の独自性と面目をなんとか保つほうがよくないだろうか。

イギリスは、困難が予想されながらも、このような方向に舵を切ろうとしている。状況は日本の方がもっと厳しいのだから、これに続かなければ滅びの道をたどることになる。

「メディア公社」設立の勧め

日本の放送法の父であるファイスナーは、もともと「公社」という構想を持っていた。一つの公社の傘下でいろいろな企業が公共事業を行っていくというものだ。代表的なものとしては、アメリカでルーズヴェルト大統領がつくったテネシー川流域開発公社がある。大恐慌時代に、失業対策として作られた公社で、地元にダムを作るほか、さまざまな公共事業を行った。この仕組みの場合、税金は公社に投入され、計画や実績に応じて、分配される。

ファイスナーも「放送公社」を設立し、協会と民放をその下に置き、各局がバランスよく発展するよう、計画を立て、それを実践していくことを考えていた（シンガポールなどがこのシステムを取っている）。

この「公社」という発想はいま再検討してみる価値が十分ある。具体的には、すでに存在しているTVerという民放共通の動画配信プラットフォームを「メディア公社」が運営することとし、そこに協会を加え、現在の受信料にあたる「視聴料」そして「テレビ税」を投入してはどうか。

「視聴料」と名付けたのは、もはや電波を受信するのではなく、インターネットを通じて動画を視聴するからだ。これは要するにサブスク料で、広告なしと広告入りの2タイプを用意し、自由契約とする。

また、「テレビ税」は、アメリカで実際に公共サービス放送（PSB）の番組制作費の財源となっていて、テレビ受像機の販売価格の5％を税として徴収したものだ。

これら「テレビ税」も「視聴料」も現在の「受信料」のように協会の独占ではなく、視聴実績に応じて、また将来計画に基づいて、制作会社と民放各社と協会に分配される。視聴率につながりにくいドキュメンタリーや科学、歴史の教養番組などは企画のコンペなどをして、良い企画に対して公社が制作助成金を出すようにする。

放送と番組制作の分離

これまで、日本に限らず、世界の放送局は、放送と番組制作を行ってきた。だが「メディア公社」のもとでは、放送会社は配信のみで、番組制作は制作会社が行う。

従来は、放送会社が広告収入や受信料を集め、番組編成を考え、企画を考えて制作会社と一緒になって番組を制作していた。だが、近年では、企画などを制作会社に丸投げして、ただ番組を発注するだけになっている。そして、広告収入の減少を制作会社にしわ寄せして、収支バランスを保つようになっている。その結果、制作会社に資金が回らず、コンテンツの質が次第に落ちていくという悪循環に陥っている。

これを断ち切るため、「メディア公社」は「視聴料」と「テレビ税」で得た資金を制作会社に重点的に投入していく。放送会社は共通プラットフォーム内または他メディアで、コンテンツを売り込み、番組に広告を入れるだけだ。コンテンツ制作費の配分は受けない。

つまり、放送会社はプロモーション料と広告料と「テレビ税」からの分配金を収益とする。これまでは放送局が広告料を集めて制作会社に分配したが、このプロモーションに関しては、逆に制作会社が得た利益から、実績に応じて放送局に利益を分配する。

さらに、「メディア公社」は、調査部門を設け、これまで各局が行っていた視聴者に関する社会的調査や海外の動向の研究を一元化して行い、それをコンテンツ制作会社と各局にフィードバックし、制作と放送に活かしてもらう。

「メディア公社」は、連邦通信委員会（FCC、Federal Communications Commission）のように、政府から予算をもらうが、政府からは独立していなければならない。

コンテンツはTVerに提供したあとに（あるいは前でも）、海外の有料動画配信大手に販売して利益を得ることができる。販売するためにはプロモーションが必要だが、ここにも放送会社が関わる。こうすれば制作会社は優れた番組を作るためにしのぎを削るようになり、放送会社は売り込みに熱心になる。

このような状況は、強制的受信料徴収の上にあぐらをかいてきた協会が一番避けたい状況だ。自身がガラパゴス化してしまうからだ。

放送各社は、ワイドショー番組やバラエティなどに関しては、今まで通り広告放送を続けても構わない。それを主な収入源とすることも可能だ。ただし後述する電波オークションで競り落とした金額を払わねばならないので難しいかもしれない。

最終的には、放送は通信に包摂されてしまうのだから、現在放送各社が持つ、放送という機能と番組コンテンツ制作という機能のうち、前者は次第に不要になっていく。前者の機能に相当の人員と資金を割いているので、放送時間を少しずつ短縮していくなどして費用を削減していけば、その分だけこれらの番組コンテンツに人員と資金を回せる。

いずれにしても、現在のように数多くのチャンネルが、大半が埋め草の番組をほぼ一日中放送するという体制は、カーボンニュートラルの観点からも、資源とマンパワーの効率的利用の点からも改めなければならない。

「日本版ＦＣＣ」創設の勧め

最後に提案したいのは「日本版ＦＣＣ」の創設だ。つまり、吉田茂が葬り去った電波監理委員会の復活だ。現在のように、放送免許の交付と更新の権限を政府が握っていてはいけない。世論に影響を与える放送に政府が圧力をかけられる現行制度は改めなければならない。前述のようにデイヴィッド・ケイが、放送法第４条（公平原則に反した放送局に政府は停波措置をとることもできると解釈し得る）があることを問題視し、「日本では表現の自由が守られていない」と国際連合で非難したが、これは正しい。

日本では、これからさらに放送と通信の融合が進んでいく。放送と通信が融合したメディアは社会的により強い影響力を持ち、言論機関としてもより強力になる。今のように、政府が、かけようと思えば圧力がかけられる形になっているのは望ましくない。

ることもいいが、「日本版FCC」を考えてみる必要がある。

日本版FCCが設立されると、現実味を帯びるのが電波オークションだ。これは電波をオークションにかけ、最高価格を付けた業者に売り、収入は国庫に入れ、国民の為に使うというものだ。

アメリカのスタンフォード大学の教授ポール・R・ミルグロムとロバート・B・ウィルソンが新たなオークション理論を唱え、それを電波の免許のオークションに応用した。二人は1993年、ビル・クリントン大統領がFCCに電波の免許のオークションを行う権限を与えたとき、FCCにアドバイザーとして入り、実際の制度設計と実施に関わった。これによってアメリカでは最も有効利用できる業者が最も高い価格で電波の免許を落札し、その収入を国庫に入れ、国民の税負担を軽減することができた。[97]

その後、イギリスなどの先進国がこの電波オークションを始め、国民の税負担軽減に役立てるようになった。この功績によって、2020年度のノーベル経済学賞は、ミルグロムとウィルソンに与えられた。

電波オークションは最も有効利用できる企業が最高価格で落札するというメリットが

あるが、既に電波の免許を受けている業者から既得権益を奪うことになるため、強い権限が当該機関に付与されることが必要である。その権限が政府に握られていることは、望ましいことではない。この点でも日本は放送法を本格的に変えて、放送と通信に強力な指導力を発揮できる日本版ＦＣＣを創設することが必要である。

ようやく２０２１年10月になって、総務省に「新たな携帯電話用周波数の割当方式に関する検討会」が設置されて、導入への準備がスタートしているが、世界から取り残されている状況に鑑みて、実現への努力のスピードを加速させていく必要がある。[98]

以上述べたことは一つの試案であり、考えが及ばないところは多々ある。だが、これによって不条理な協会の受信料と番組の質の低下の問題は解決できると考える。そして、そのような方向で放送法は改正しなければならない。日本のメディア産業の未来にとって、現在のような協会は必要ない。

いずれにせよ、全チャンネルが一緒になって日本版 Netflix のようなものを作らない限り、そこに優れたコンテンツを投入していかない限り、他の動画配信（有料動画配信大手を含む）に伍して視聴者をひきつけることはできない。

協会を解体し、日本の放送業界を通信の時代にも生き残れるように再編成しなければ」

ばならない。視聴料を払うとすれば、あるいは国費を投入するとすれば、この日本版Netflixに対してでなければならない。

あとがき

本書で論じてきた通り、ＮＨＫの受信料は矛盾に満ちている。矛盾は長い間放置すると、当たり前のことのように思われるようになる。もちろん、それではいけない。新しいメディア状況のなかで、受信料の問題を考え、それを解決する方法を模索する必要がある。それが本書の主旨だ。

近年、公文書をもとに近現代史、とりわけ大東亜戦争の頃についての著作が多くなったが、私のもともとの専門は「放送史」である。前職の東北大学国際文化研究科アメリカ研究講座では、「アメリカ放送史」を教えていた。東北大学から早稲田大学に移ったときも「放送史」を含む「メディア史」を講じるということで採用されている。今回の著書でそこに立ち戻ったことになる。

この関係で、私はＧＨＱの元民間通信局分析課長代理のクリントン・ファイスナー、元民間情報教育局局員のヴィクター・ハウギー、フランク馬場に一定期間、継続的に聞き取り調査を行ったことがある。いつか、そこから得た知見を公表しようと思っていた。本書はその良い機会になった。

3人とも故人となってしまわれたが、改めて冥福を祈るとともに心から感謝の意を表したい。

今回もいろいろな方々にお世話になった。とくに、現在は早稲田大学社会科学研究科在籍ながら早稲田大学法学研究科出身の松﨑俊紀氏には貴重な助言をいただいた。新潮社の編集者や校正者には、これまで同様、お世話になった。とくに放送法のさまざまなヴァージョンの記述についての綿密なファクトチェックには救われた。

いつもそうだが、本は一人では書けないものだ。

令和4年12月8日
七ツ森の見える自宅にて

有馬　哲夫

註釈

1 BBC News Japan「英文化相、ＢＢＣの受信料制度廃止を示唆」https://www.bbc.com/japanese/60019756、「英政府、ＢＢＣ受信料の2年間凍結を下院で発表」https://www.bbc.com/japanese/60033877

2 例えば、有馬哲夫「英政府はＢＢＣに『従量制』の圧力をかける！」https://www.cyzo.com/2021/02/post_267242_entry.html、有馬哲夫「『ＢＢＣ』受信料廃止に舵を切る英国　どうする『ＮＨＫ』」『週刊新潮』２０２２年3月17日号38－41頁

3 UK Government, TV Licence, https://www.gov.uk/tv-licence

4 Ofcom, Media nations: UK 2019, p.19, https://www.ofcom.org.uk/__data/assets/pdf_file/0019/160714/media-nations-2019-uk-report.pdf

5 Public First, Poll on TV Licence Fee, 20th December – 23rd December 2019, https://www.publicfirst.co.uk/wp-content/uploads/2019/12/PFLicenceTables.pdf

6 ＮＨＫ放送文化研究所「テレビ・ラジオ視聴の現況　２０１９年11月全国個人視聴率調査から」『放送研究と調査』２０２０年3月号 https://www.nhk.or.jp/bunken/research/yoron/pdf/20200301_11.pdf

7 有馬哲夫『ＮＨＫ解体新書』（ＷＡＣ、２０１９年）

8 『令和3年版情報通信白書』「第4章　ＩＣＴ分野の基本データ」「第2節　ＩＣＴサービスの利用動向」https://www.soumu.go.jp/johotsusintokei/whitepaper/ja/r03/pdf/n4200000.pdf

9 近江幸治「ＮＨＫ受信料訴訟を考える（２）　ＮＨＫ受信契約の締結強制と『公共放送』概念」『判例時報』No.２３７７、１２４頁

10　ＮＨＫホームページ「よくある質問集」、「受信料の公平負担に向けた取り組みについて知りたい」https://www.nhk.or.jp/faq-corner/2jushinryou/01/02-01-01.html

11　放送法 https://elaws.e-gov.go.jp/document?lawid=325AC0000000132

12「ＮＨＫがめざすもの」https://www.nhk.or.jp/info/about/media/

13　総務省「放送を巡る諸課題に関する検討会　公共放送の在り方に関する検討分科会（第11回）」参考資料 https://www.soumu.go.jp/main_content/000718381.pdf

14　近江、「ＮＨＫ受信契約の締結強制と『公共放送』概念」１２６頁

15　ＢＢＣトラストのホームページ。https://downloads.bbc.co.uk/outreach/bbc-corporate-responsibility.pdf

16　長谷部恭男「公共放送の役割と財源―英国の議論を素材として―」舟田正之・長谷部恭男編『放送制度の現代的展開』（有斐閣、２００１年）１８５頁

17　稲葉三千男『ＮＨＫ受信料を考える』（青木書店、１９８５年）23－29頁

18『日刊サイゾー』２０２１年３月15日、「『割増罰則金』導入も企むＮＨＫは公共放送ではない！　国民の多数が受信料廃止に反対したスイスとの違いとは？」https://www.cyzo.com/2021/03/post_271037_entry.html

19『週刊東洋経済』「検証！　ＮＨＫの正体」（２０１９年11月23日号）34－67頁

20　日本放送協会「２０２１年度決算概要」https://www.nhk.or.jp/info/pr/kessan/assets/pdf/2021/gaiyou_r03.pdf

21　Public First, Poll on TV License Fee, 20th December – 23rd December 2019, https://www.publicfirst.co.uk/wp-content/uploads/2019/12/PFLicenceTables.pdf

22　ＮＨＫホームページ「よくある質問集」、「ＮＨＫが受信料を徴収する法的根拠を知りたい」https://www.nhk.or.jp/faq-corner/2jushinryou/01/02-01-03.html

23　2022年6月10日の放送法改正（同年10月1日施行）によって、以下のように変わった。

第六十四条　協会の放送を受信することのできる受信設備（次に掲げるものを除く。以下この項及び第三項第二号において「特定受信設備」という。）を設置した者は、同項の認可を受けた受信契約（協会の放送の受信についての契約をいう。以下この条及び第七十条第四項において同じ。）の条項（以下この項において「認可契約条項」という。）で定めるところにより、協会と受信契約を締結しなければならない。ただし、特定受信設備を住居（住居とみなされる場所として認可契約条項で定める場所を含む。）に設置した場合において当該住居に設置された他の特定受信設備について当該住居及び生計を共にする他の者がこの項本文の規定により受信契約を締結しているとき、その他この項本文の規定による受信契約の締結をする必要がない場合として認可契約条項で定める場合は、この限りでない。

一　放送の受信を目的としない受信設備

二　ラジオ放送（音声その他の音響を送る放送であつて、テレビジョン放送及び多重放送に該当しないものをいう。第百二十六条第一項において同じ。）又は多重放送に限り受信することのできる受信設備

2　協会は、あらかじめ、総務大臣の認可を受けた受信料の免除の基準によるのでなければ、前項の規定により受信契約を締結した者から徴収する受信料を免除してはならない。

3　協会は、受信契約の条項については、次に掲げる事項を定め、あらかじめ、総務大臣の認可を受けなければならない。これを変更しようとするときも、同様とする。

一　受信契約の単位に関する事項

二　受信契約の申込みの方法及び期限に関する事項（特定受信設備の設置の日その他の当該申込みの際に協会に対し通知すべき事項を含む。）

三　受信料の支払の時期及び方法に関する事項
四　次に掲げる場合において協会が徴収することができる受信料の額及び割増金の額その他当該受信料及び当該割増金の徴収に関する事項
イ　不正な手段により受信料の支払を免れた場合
ロ　正当な理由がなくて第二号に規定する期限までに受信契約の申込みをしなかつた場合
五　その他総務省令で定める事項
4　前項第四号に規定する受信料の額は、次の各号に掲げる場合の区分に応じそれぞれ当該各号に定める額とし、同項第四号に規定する割増金の額は、当該各号に掲げる場合の区分に応じそれぞれ当該各号に定める額に総務省令で定める倍数を乗じて得た額を超えない額とする。
一　前項第四号イに掲げる場合に該当する場合　支払を免れた受信料の額
二　前項第四号ロに掲げる場合に該当する場合　同項第二号に規定する期限が到来する日に受信契約を締結したとしたならば現に受信契約を締結した日の前日までに支払うべきこととなる受信料の額に相当する額
5　協会の放送を受信し、その内容に変更を加えないで同時にその再放送をする放送は、これを協会の放送とみなして前各項の規定を適用する。
(放送法　https://elaws.e-gov.go.jp/document?lawid=325AC0000000132)
受信料不払い者に割増罰則金を取るという無理なことをするため、3項以下いかに長く、煩雑になったかがわかる。

註釈
24『日本無線史』電波監理委員会編、1951年、第7巻、26-28頁
25一般財団法人情報通信振興会『無線電信法』

26「創立大会に於ける逓信大臣の挨拶」『調査時報』１９２６年8月号

27 多菊和郎「放送受信料制度の始まり 『特殊の便法』をめぐって」『情報と社会＝Communication & society』(19), 2009-03-14, p.196　k19-16_tagiku.pdf

28 この「後藤新平の『無線放送に対する予が抱負』」のフルテキストは以下の通り。

さて諸君、放送事業の職能は少くとも之を四つの方面から考察することが出来ます。

第一は、文化の機会均等であります。従来各種の報道機関や娯楽設備は、都会と地方とに多大の懸隔がありました。（中略）然るに我がラジオは、都鄙と老幼男女と各階級相互との障壁区別を撤して、恰も空気と光線の如く、あらゆる物に向かってその電波の恩を均等に且つ普遍的に提供するものであります。

第二は、家庭生活の革新と申しましょうか。従来の家庭なるものは、往々にして単に寝る処か食事する場所なるかの如くに考えられたのであります。かかるが故に慰安娯楽の途は之を家庭の外に求むるのが常でありました。今や電波の放送に依りて家庭を無上の楽園となし、ラジオの機械を囲んで、所謂一家団欒家庭生活の真趣味を味わう事が出来るではありませんか。

第三は、教育の社会化であります。放送の聴取者は今後数年を出でずして幾万幾十万に達するでありましょう。斯くの如き大多数の民衆に対して、而も家庭娯楽の団欒裡にある人に向かって、眼よりせずして耳より日々各種の学術智識を注入し国民の常識を培養発達せしむる事は、従来の教育機関に一大進歩を与うる所でありまして、従って其の効果の顕著なるは、限られた講堂教育の到底企て及ぶ所ではありません。

第四は、経済機能の敏活という事であります。海外経済事情は勿論、株式・生糸・米穀・其他重要商品取引市場が最大速力に於て関係者に報道せらるる事に依って、一般取引の状態が益々活発に運動する事は申す迄もありません。

従来の有線電信電話時代の経済機能に対して、ラジオは正に一大革新を与うるものであります。
http://chushingura.biz/p_nihonsi/siryo/1201_1250/1215.htm

29 情報通信振興会『「放送法逐条解説 新版」関連資料集』、「放送用私設無線電話規則（大正12年逓信省令第98号）」
https://www.dsk.or.jp/images/pdf/hochi.pdf

30 多菊、「放送受信料制度の始まり 『特殊の便法』をめぐって」 199頁

31 現行放送法 https://elaws.e-gov.go.jp/document?lawid=325AC0000000132

32 2022年6月10日の放送法改正以後は、受信料不払い者には割増金をNHKが請求できることになった。これは、「割増金」という変則的な形ではあるが、罰則といえる。詳しくは有馬哲夫「『契約の自由』を侵害するNHKの「割増金徴収」 次はネットでも受信料？」『デイリー新潮』 2022年7月25日 https://www.dailyshincho.jp/article/2022/07250557/?all=1

33『NHK受信料を考える』 54-55頁

34「創立大会に於ける逓信大臣の挨拶」『調査時報』 1926年8月号

35 多菊、「放送受信料制度の始まり『特殊の便法』をめぐって」 202-203頁

36 社団法人日本放送協会編『日本放送協会史』、1939年、306頁

37『NHK受信料を考える』50-51頁、「シリーズ 戦争とラジオ〈第3回〉踏みにじられた声―『戦時ラジオ放送への道』」『放送研究と調査』 2018年8月号 https://www.nhk.or.jp/bunken/research/history/pdf/20180801_7.pdf

38 多菊、「放送受信料制度の始まり 『特殊の便法』をめぐって」 200-201頁

39『東京放送局沿革史』東京放送局沿革史編纂委員会編、1928年、78頁

40「昭和レトロテーマパーク湯布院昭和館」、「昭和の年表」 https://www.yufuin-syowakan.jp/showa-full-chronology

41『日本無線史』電波監理委員会編、1951年、第8巻、360頁

42 日本放送協会編『昭和六年ラヂオ年鑑』、1931年、94頁『昭和七年ラヂオ年鑑』、1932年、578頁

43『NHK受信料を考える』56-57頁

44 内川芳美『マス・メディア法政策史研究』（有斐閣、1989年）283-284頁

45 正確にいうと、1945年5月18日から1946年7月1日までは逓信院、それ以降1949年6月1日までは逓信省となる。https://www.jacar.go.jp/glossary/term1/0110-0010-0070-0010-0010.html, https://www.jacar.go.jp/glossary/term1/0090-0010-0070-0030.html

46 有馬哲夫『日本人はなぜ自虐的になったのか　占領とWGIP』（新潮新書、2020年）とくに第3章「WGIPマインドセットの理論的、歴史的証明」99-109頁

47 1947 October 16 Conference Outlining SCAP's General Suggestions with Respect to Japanese Broadcasting Law,CCS Files, box 3159（National Archives II, College Park）

48 放送法制立法過程研究会編『資料・占領下の放送立法』（東京大学出版会、1980年）174-175頁

49『資料・占領下の放送立法』170頁

50『資料・占領下の放送立法』180-181頁

51 私がクリントン・ファイスナー、ヴィクター・ハウギー、フランク馬場に行った聞き取り調査による。日時と場所は以下の通り。ファイスナー、2001年、2002年、2003年、2004年、いずれも7月、宮城県川崎町の自宅。ハウギー、2003年9月、2004年9月、2005年5月、ヴァージニア州フォールズチャーチの自宅。フランク馬場、2004年9月、カリフォルニア州パサデナの自宅。なお2002年の聞き取りに関しては、早稲田大学から「草創期の日本のテレビ放送関係者の証言収集」（2002A-569）の研究課題で特定課題研究助成金を受けた。

52 村上聖一「放送法・受信料関連規定の成立過程」『放送研究と調査』２０１４年５月号36－37頁
53 村上、「放送法・受信料関連規定の成立過程」39－40頁
54『資料・占領下の放送立法』１６６頁
55「聞き取り・放送史への証言」調査研究会『放送史への証言Ⅲ』（放文社、２００２年）14頁
56 第７回国会衆議院電気通信委員会会議録第４号６頁（１９５０年２月２日）
57『資料・占領下の放送立法』１７５頁
58『資料・占領下の放送立法』２７０頁
59 1947 October 16 Conference Outlining SCAP's General Suggestions with Respect to Japanese Broadcasting Law
60 村上、「放送法・受信料関連規定の成立過程」36頁
61『ＮＨＫ受信料を考える』53－54頁
62『資料・占領下の放送立法』２０１頁
63『資料・占領下の放送立法』２４０-２４１頁
64 荘宏『放送制度論のために』（日本放送出版協会、１９６３年）２５８頁
65『資料・占領下の放送立法』２２７-２３５頁
66 電気通信省「電波監理委員会設置要綱案」（１９４９年９月２日）内閣法制局法令案審議録（国立公文書館）
67『資料・占領下の放送立法』２８９-２９０頁
68『資料・占領下の放送立法』２９０頁
69『資料・占領下の放送立法』２９４-２９５頁
70 原文は以下の通りである。『資料・占領下の放送立法』２９７-３０２頁

本官は、これら三法案（引用者注・電波法、放送法、電波監理委員会設置法。以下同）に盛られた原則に全面的に同意し、最初の二法案にたいしては、なんら異議をさしはさむものではない。第三の法案、即ち、電波監理委員会設置法案については、慎重な研究の結果、再考に値する面のあることを発見した。

とくに、ラジオ放送の規制を、規制委員会（電波監理委員会）に委ねるという提案は、日本ではまだ新奇ではあるが、米国ではすでに六〇年にわたり順調に発展してきた一種の政府機関がより好ましいものであるという事実を認めるものである。

合衆国では、技術上その他複雑な性質があり、また規制対象となる活動がたえず流動している近代的経済活動の分野では、かかる政府機関は最大の効用を発揮したのであるが、この近代経済活動の分野では、立法府は国家的方針や広範な基準は設定できるにせよ、こまかい規則の設定、裁定の実施、特殊な問題の解決、履行の強制などについては、定められた法文の目的の枠内で、これを実施できるような幅広い権限を、規制委員会に付与しなければならないのである。以上の理由から、その複雑な規制機能の運用に当っては、規制委員会は、立法的、司法的、行政的権限をあわせて行使する必要がある。かかる規制委員会が、許可または留保する特権はつねに貴重であり、その規制する分野は、一般公衆の権利、利害と直接に関与するものである。かかる考慮のもとに、規制委員会は次の基本的性格を帯びることが必須となる。

1．その委員は、規制分野の専門家から成る職員の補佐を得て、当該問題を賢明に解決できる広い知識、背景、経験、そして健全な判断力をもつ一般市民で構成する必要がある。

2．委員会の決定は、充分な討議と審議の末に、各自対等な立場の委員達の多数決によって行われねばならぬ。

3．委員会は、いかなる党派的勢力、その他の機関による直接的統制または影響を受けないものとしなければならぬ。

（中略）

貴政府案は、これら基本性格の最初の二項を充分にくみ入れており、委員会の権力に対する必要な抑制を備えている。委員は、「公共の福祉に関し、正当な判断をすることができ、広い経験と知識を有する者のうちから任命さるべきこと」という義務、また聴聞、多数決制、司法による審理などの規定はゆき届いている。一個の党派勢力による内部統制も回避できる。しかしながら、ただ一点において、この提案は不完全である。即ち、外部の党派勢力ないし機関による直接統制や影響力にたいし、適切な安全保障がないという点である。まことに、国務大臣が委員長たるべきこと、内閣が委員会の決定を逆転できる権限をもつとすることは独立の原則を完全に否定し、委員会を内閣の単なる諮問機関とすることに外ならない。この二つの条項が除去されるなら、政府案は、法制上の独立という必須の要請に応えるものであろうし、さらに、公衆の最上の利益のため、自由にしてかつ公正な運用を確保することになるであろう。

ダグラス・マッカーサー

註釈

71『資料・占領下の放送立法』278-279頁。このように「みなし契約」から「契約義務」に変わったのは、放送法の1949年8月27日案からである。村上聖一「放送法・受信料関連規定の成立過程」41-42頁

72 有馬哲夫「『契約の自由』を侵害するNHKの「割増金徴収」次はネットでも受信料?」『デイリー新潮』、2022年7月25日

73『資料・占領下の放送立法』341-342頁

74 ファイスナー、2004年7月、宮城県川崎町の自宅での聞き取り調査から。

75 臨時放送関係法制調査会『答申書』（1964年9月8日）15頁

76 1947 October 16 Conference Outlining SCAP's General Suggestions with Respect to Japanese Broadcasting Law

77 第7回国会　衆議院　議院運営委員会　第53号　昭和25年4月30日 https://kokkai.ndl.go.jp/#/detail?minId=100704024X05319500430¤t=19

78 フランク馬場、2004年9月、カリフォルニア州パサデナの自宅での聞き取り調査から。

79 ハウギー、2003年9月、2004年9月、2005年5月、ヴァージニア州フォールズチャーチの自宅での聞き取り調査から。

80 春名幹男『秘密のファイル　CIAの対日工作　上』（新潮文庫、2003年）529-538頁

81 有馬哲夫『こうしてテレビは始まった』（ミネルヴァ書房、2013年）82-83頁

82 『こうしてテレビは始まった』91-99頁

83 衆議院、法律第二百八十号（昭二七・七・三一）https://www.shugiin.go.jp/internet/itdb_housei.nsf/html/houritsu/01319520731280.htm

84 この文は1950年の放送法（法律百三十二号）の原文の「電波監理委員会」を「郵政大臣」に置き換えたものである。

85 行政管理庁管理部編『行政機構年報 第三巻』1952年、305頁

86 行政管理庁管理部編『行政機構年報 第一巻』1950年、150-151頁

87 『NHK受信料を考える』23-29頁

88 『NHK受信料を考える』171-173頁

89 松田浩・メディア総合研究所『戦後史にみるテレビ放送中止事件』（岩波ブックレットNo.357、1994年）

5-6頁

90 柳澤恭雄『検閲放送』（けやき出版、1995年）148-149頁

91 平成26（オ）1130「受信契約締結承諾等請求事件」https://www.courts.go.jp/app/hanrei_jp/detail2?id=87281

92 近江、「NHK受信契約の締結強制と『公共放送』概念」127頁

93 近江、「NHK受信契約の締結強制と『公共放送』概念」127頁

94 日本放送協会「令和2年度収支予算と事業計画の説明資料」https://www.nhk.or.jp/info/pr/yosan/assets/pdf/2020/siryou.pdf

95 アメリカやブラジルの日系人たちの場合は、ケーブルテレビを通さず、自ら設置した衛星アンテナなどで受信している場合が多い。

96 瀬戸山順一「東日本大震災における情報通信分野の主な取組 ～被害の状況・応急復旧措置の概要と今後の課題～」『立法と調査』No.317（2011年6月）https://www.sangiin.go.jp/japanese/annai/chousa/rippou_chousa/backnumber/2011pdf/20110601044.pdf

97 Paul Milgrom, Putting Auction Theory to Work(2003) http://www.econ.ucla.edu/riley/271/Milgrom-Putting%20Auction%20Theory%20to%20Work.pdf

98 総務省「新たな携帯電話用周波数の割当方式に関する検討会」https://www.soumu.go.jp/menu_news/s-news/01kiban09_02000419.html

有馬哲夫　1953(昭和28)年生まれ。早稲田大学社会科学総合学術院教授(公文書研究)。著書に『原発・正力・CIA』『日本人はなぜ自虐的になったのか』など。

Ⓢ新潮新書

984

NHK受信料の研究

著者　有馬哲夫

2023年2月20日　発行

発行者　佐藤隆信
発行所　株式会社 新潮社
〒162-8711　東京都新宿区矢来町71番地
編集部(03)3266-5430　読者係(03)3266-5111
https://www.shinchosha.co.jp
装幀　新潮社装幀室
印刷所　株式会社光邦
製本所　株式会社大進堂

ISBN978-4-10-610984-3　C0230

Ⓢ新潮新書

003 バカの壁 養老孟司

話が通じない相手との間には何があるのか。「共同体」「無意識」「脳」「身体」など多様な角度から考えると見えてくる、私たちを取り囲む「壁」とは——。

141 国家の品格 藤原正彦

アメリカ並の「普通の国」になってはいけない。日本固有の「情緒の文化」と武士道精神の大切さを再認識し、「孤高の日本」に愛と誇りを取り戻せ。誰も書けなかった画期的日本人論。

682 歴史問題の正解 有馬哲夫

「日本は無条件降伏をしていない」「真珠湾攻撃は騙し討ちではない」——国内外の公文書館で掘り起こした第一次資料をもとに論じ、自虐にも自賛にも陥らずに歴史を見つめ直した一冊。

734 こうして歴史問題は捏造される 有馬哲夫

第一次資料の読み方、証言の捉え方等、研究の本道を説き、慰安婦、南京事件等に関する客観的事実を解説。イデオロギーに依らず謙虚に歴史を見つめる作法を提示する。

867 日本人はなぜ自虐的になったのか 占領とWGIP 有馬哲夫

罪悪感を植え付けよ！　メディアを総動員し、法や制度を変え、時に天皇まで利用——占領軍が展開した心理戦とWGIPとは。公文書研究の第一人者が第1次資料をもとに全貌を明かす。